蔬菜栽培
SHUCAIZAIPEI

刘中良　李腾飞　王长松　主编

中国农业科学技术出版社

图书在版编目（CIP）数据

蔬菜栽培／刘中良，李腾飞，王长松主编. —北京：中国农业科学技术出版社，2020. 2 (2023.9 重印)

ISBN 978-7-5116-4598-2

Ⅰ.①蔬…　Ⅱ.①刘…②李…③王…　Ⅲ.①蔬菜园艺　Ⅳ.①S63

中国版本图书馆 CIP 数据核字（2020）第 017662 号

责任编辑	于建慧　崔改泵	
责任校对	贾海霞	

出　版　者	中国农业科学技术出版社	
	北京市中关村南大街 12 号　邮编：100081	
电　　话	（010）82109194（编辑室）　　（010）82106624（发行部）	
	（010）82109709（读者服务部）	
传　　真	（010）82106650	
网　　址	http://www.castp.cn	
经　销　者	各地新华书店	
印　刷　者	北京中科印刷有限公司	
开　　本	880mm×1 230mm　1/32	
印　　张	7.5	
字　　数	194 千字	
版　　次	2020 年 2 月第 1 版　2023 年 9 月第 3 次印刷	
定　　价	30.00 元	

编 委 会

主　编：刘中良（泰安市农业科学研究院）

　　　　李腾飞（德州市农业科学研究院）

　　　　王长松（江西省农业科学院农业经济与信息
　　　　　　　研究所）

副主编：岳海旺（河北省农林科学院）

　　　　刘艳芝（济宁市农业科学研究院）

编　者（按姓氏笔画排序）：

　　　　王炳琴（诸城市农业技术推广服务中心）

　　　　田晓飞（聊城大学）

　　　　关祝庆（中农集团控股股份有限公司山东分
　　　　　　　公司）

　　　　李　娜（诸城市农业技术推广服务中心）

　　　　吴翠霞（泰安市农业科学研究院）

　　　　张文倩（新泰市现代农业发展服务中心）

　　　　陈乐梅（肥城市农业技术推广中心）

　　　　陈祥伟（山东标准化协会）

　　　　闻小霞（聊城市农业科学研究院）

　　　　秦　竞（枣庄市农业农机技术推广中心）

前　言

改革开放以来，我国蔬菜生产迅速发展，种植面积和单位面积产量不断增长，目前已成为我国重要农产品之一。统计表明，2017年，我国蔬菜播种面积为 1 998.11 万 hm^2，产量达 69 192.68 万 t，其中，山东省、河南省、江苏省排名前三位。蔬菜产业从家庭种植逐渐转变成了支撑农业农村经济发展的支柱型产业，且呈现大生产、大流通、大市场的格局。

本书由泰安市农业科学研究院牵头，与德州市农业科学研究院、江西省农业科学院农业经济与信息研究所、济宁市农业科学研究院、河北省农林科学院旱作农业研究所、山东省聊城大学、山东标准化协会、聊城市农业科学研究院、肥城市农业技术推广中心、诸城市农业技术推广服务中心等科研院校及基层农技单位集体编著。《蔬菜栽培》包括基础内容蔬菜种类识别、栽培设施、播种与管理等四章，栽培生产包括茄果类蔬菜、瓜类蔬菜、豆类蔬菜生产等十章，结合基础内容进行适当取舍，生产内容增加了与当地相适应的生产技术。

此外，本书的编著出版得到山东省现代农业产业技术体系蔬菜创新团队土壤与肥料岗位专家项目（SDAIT-05-09）、山东省重点研发计划（2018GNC110037、2018GNC113007）、山东省农业良种工程项目（2019LZGC006）及国家重点研发计划（2018YFD0201200）等项目资助，还得到了中国农业科学技术出版社的大力支持，在此一并表示感谢。

本书将理论和实践相结合，具有较强的实用性、可操作性，文字简练，可供广大基层蔬菜科技工作者，合作社、企业经营者及其他读者参考，也可作为各类农业大中专院校使用的专业辅助教材。本书的编撰由于蔬菜作物种类、种植茬口及模式等繁多，难以面面俱到，且由于编著者水平有限，疏漏之处在所难免，尚希读者不吝赐教。

编　者

2019 年 9 月

目　　录

第一章　蔬菜的识别与分类

第一节　蔬菜分类

一、植物学分类法

根据植物学的形态特征，按照界、门、纲、目、科、属、种、变种的分类体系进行分类，蔬菜学名由属名、种名和命名人人名构成。我国的蔬菜植物总共有 20 多科，绝大多数属于被子植物门，双子叶植物纲和单子叶植物纲。在双子叶植物纲中，以十字花科、豆科、茄科、葫芦科、伞形科、菊科为主；单子叶植物纲中，以百合科、禾本科为主；具体分类见表 1-1。

采用植物学分类，可以明确科、属、种间在形态、生理、遗传、系统进化上的亲缘关系。例如，结球甘蓝与花椰菜，虽然前者主要利用它的叶球，后者利用它的花球，但都是同属于一个种，彼此容易杂交；又如番茄、茄子及辣椒都同属于茄科，西瓜、甜瓜、南瓜、黄瓜都属于葫芦科，它们在生物学特性上及栽培技术上，都有共同的地方，对蔬菜的轮作倒茬、病虫害防治、种子繁育和栽培管理等都有较好的指导作用；而且每种蔬菜双命名的学名，全世界通用不易混淆。但是有些蔬菜虽属同一科，而它们的食用器官及栽培技术却大不相同，如番茄和马铃薯，在生产中要特别留意。

二、食用器官分类法

按照食用部分的器官形态，可分为根、茎、叶、花、果等五类。

表1-1 常见蔬菜的植物学分类

门	纲	科	拉丁名	典型种类
被子叶植物门	单子叶植物纲	禾 本 科	Gramineae	毛竹笋、茭白
		百 合 科	Liliaceae	韭菜、洋葱、大葱、分葱、大蒜、芦笋
		天南星科	Araceae	芋、魔芋
		薯 蓣 科	Dioscoreaceae	山药、田薯
		姜 科	Zingiberaceae	生姜
	双子叶植物纲	藜 科	Chenopodiaceae	根甜菜、叶甜菜、菠菜
		落 葵 科	Basellaceae	红落葵、白落葵
		苋 科	Amaranthaceae	苋菜
		睡 莲 科	Nymphaeaceae	莲藕、芡实
		伞 形 科	Umbelliferae	芹菜、根芹、水芹、芫荽、胡萝卜、小茴香、美国防风
		十字花科	Cruciferae	萝卜、芜菁、芜菁甘蓝、芥蓝、结球甘蓝、抱子甘蓝、羽衣甘蓝、花椰菜、青花菜、球茎甘蓝、小白菜、结球白菜、芥菜、辣根、豆瓣菜、荠菜
		豆 科	Leguminosae	豆薯、菜豆、豌豆、蚕豆、豇豆、菜用大豆、扁豆、刀豆、矮刀豆
		旋 花 科	Convolvulaceae	蕹菜
		唇 形 科	Labiatae	薄荷、荆芥、罗勒、草石蚕
		茄 科	Solanaceae	马铃薯、茄子、番茄、辣椒、香艳茄、酸浆
		锦 葵 科	Malvaceae	黄秋葵、冬寒菜
		楝 科	Meliaceae	香椿
		葫 芦 科	Cucurbitaceae	黄瓜、甜瓜、南瓜、笋瓜、西葫芦、西瓜、冬瓜、瓠瓜、丝瓜、苦瓜、佛手瓜、蛇瓜
		菊 科	Compositae	莴苣、茼蒿、菊芋、苦苣、紫背天葵、牛蒡、朝鲜蓟

（一）根菜类

以肥大的根部为产品。分为如下两类。

1. 直根类

以由种子发生的肥大主根为产品，如萝卜、芜菁、胡萝卜、根用芥菜等。

2. 块根类

以肥大的侧根或不定根为产品，如甘薯、豆薯和山药等。

（二）茎菜类

以肥大的茎部为产品的蔬菜，包括一些食用假茎的蔬菜。

1. 肥茎类

以肥大的地上茎为产品，如莴笋、茭白、茎用芥菜、球茎甘蓝等。

2. 嫩茎类

以萌发的嫩茎为产品，如芦笋、竹笋等。

3. 块茎类

以肥大的地下块茎为产品，如马铃薯、菊芋、草石蚕等。

4. 根茎类

以肥大的地下根状茎为产品，如姜、莲藕等。

5. 球茎类

以地下的球状茎为产品，如慈姑、芋、荸荠等。

6. 鳞茎类

以肥大的鳞茎为产品，如大蒜、百合、洋葱等。

（三）叶菜类

以叶、叶丛或叶球为产品的蔬菜。分为：

1. 普通叶菜类

以鲜嫩、脆绿叶片或叶丛为产品，如白菜、乌塌菜、叶用芥菜、菠菜、茼蒿、苋菜等。

2. 结球叶菜类

以肥大的叶球为产品，如结球白菜、结球甘蓝、结球莴苣、抱子甘蓝等。

3. 香辛叶菜类

有香辛味的叶菜。如大葱、分葱、韭菜、芹菜、芫荽、茴香等。

（四）花菜类

以花器或肥嫩的花枝为产品的蔬菜。

1. 花器类

如金针菜、朝鲜蓟等。

2. 花枝类

如花椰菜、青花菜、菜薹等。

（五）果菜类

以果实或种子为产品的蔬菜。

1. 瓠果类

以下位子房和花托发育成的果实为产品，如南瓜、黄瓜、西瓜、甜瓜、丝瓜等。

2. 浆果类

以胎座发达而充满汁液的果实为产品，如茄子、番茄、辣椒等。

3. 荚果类

以脆嫩荚果或其豆粒为产品的豆类蔬菜，如菜豆、豇豆、扁豆、菜用大豆、豌豆等。

4. 杂果类

除以上三种果菜类外，以果实和种子为产品的菜玉米、菱角等。

这种分类方法不能反映同类蔬菜在系统发生上的亲缘关系，但食用器官相同的，其栽培方法及生物学特性，也大体相同。如根菜类中的萝卜、大头菜（根用芥菜）、胡萝卜，虽然它们分属于十字花科及伞形科，但它们对于外界环境及土壤的要求，都很相似，因此该分类方法对蔬菜的土壤管理、肥水管理等有较好的指导作用。但值得注意的是，有的类别，食用器官相同，而生长习性及栽培技术未必相同。如根茎类的藕和姜；花菜类中的花椰菜和金针菜，它们的栽培方法相差很远。还有一些蔬菜，在栽培方法上，虽然很相似，但食用器官大不相同，如甘蓝、花椰菜、球茎甘蓝，三者要求的外界环境都相似，但分属于叶菜、花菜、茎菜。

三、农业与生物学分类法

该方法系以蔬菜的农业生物学的特性作为分类依据，集合了植物学分类和食用器官分类的优点，同一类蔬菜具有相似的生物学特性，要求相似的生产环境、生产季节、生产方式及管理技术，该分类方法最适应蔬菜生产的要求，但分类体系不严密，有的种类难以归类。

（一）根菜类

包括萝卜、胡萝卜、甘蓝、芜菁甘蓝、芜菁、根用甜菜等。以其膨大的直根为食用部位，生长期中喜好冷凉的气候。在生长的第一年形成肉质根，贮藏大量的水分和糖分，到第二年开花结实。低温下通过春化阶段，长日照通过光照阶段。均用种子繁殖。要求疏松而深厚的土壤。

（二）白菜类

包括白菜、芥菜及甘蓝等，均用种子繁殖，以柔嫩的叶丛或叶球为食用部分。生长期间需要湿润及冷凉的气候，如果温度过高，气候干燥，则生长不良，为二年生植物。在生长的第一年形成叶丛或叶球，到第二年才抽薹开花。在栽培上，除采收花球及菜薹（花苔）者外，要避免先期抽薹。

（三）绿叶蔬菜

以其幼嫩的绿叶或嫩茎为食用的蔬菜。如莴苣、芹菜、菠菜、茼蒿、苋菜、蕹菜等。生长迅速，其中，蕹菜、落葵等能耐炎热，而莴苣、芹菜则好冷凉。由于它们植株矮小，常作为高秆蔬菜的间作或套作作物，要求充足的水分和氮肥。

（四）葱蒜类

包括洋葱、大蒜、大葱、韭菜等，经低温春化，长日照条件下叶鞘基部可膨大形成鳞茎。其中，洋葱、大蒜膨大明显，韭菜、大葱、分葱等膨大不明显。耐寒，除韭菜、大葱、丝香葱外，到了炎热的夏天地上部枯萎。可用种子繁殖，亦可用营养繁殖。以秋季及春季栽培为主。

（五）茄果类

包括茄子、番茄、辣椒等。在生物学特性上及栽培技术等方面相似。要求肥沃的土壤及较高的温度，不耐寒冷，对日照长短要求不严格。

（六）瓜类

包括南瓜、黄瓜、西瓜、甜瓜、瓠瓜、冬瓜、丝瓜、苦瓜等。茎为蔓性，雌雄异花而同株，具有开花结果特性，要求较高的温度及充足的阳光，尤其是西瓜和甜瓜。适于昼热夜凉的大陆性气候及排水好的土壤。栽培中可利用施肥及整蔓等措施来控制其营养生长与结果的关系。

（七）豆类

包括菜豆、豇豆、毛豆、刀豆、扁豆、豌豆及蚕豆。除豌豆及蚕豆要求冷凉气候以外，其他的都要求温暖的环境，为夏季主要蔬菜。大都食用其新鲜的种子及豆荚。

（八）薯芋类

包括一些地下根及地下茎的蔬菜，如马铃薯、山药、芋、姜等。富含淀粉，耐贮藏，均为营养繁殖。除马铃薯生长期较短，不耐过高的温度外，其他的薯芋类，都能耐热，生长期亦较长。

（九）水生蔬菜

指一些生长在沼泽地区的蔬菜。如藕、茭白、慈姑、荸荠和水芹菜等。在分类学上很不相同，但在生态上要求在浅水中生长。除菱和芡实以外，都用营养繁殖。生长期间，要求较热的气候及肥沃的土壤。

（十）多年生蔬菜

如竹笋、金针菜、石刁柏、食用大黄、百合等。一次繁殖以后，可以连续采收数年。除竹笋以外，地上部每年枯死，以地下根或茎越冬。

第二节 特种蔬菜

特种蔬菜是指在一定时间和地域条件下，比较名贵、优质、少见、特殊的一类蔬菜，又称稀有特种蔬菜，简称"特菜"。特菜不是由植物学分类而得名，常随时间和地域变化而改变。

一、特种蔬菜的特征

（一）地域性

特种蔬菜是对非本土、非本季节种植以及某些珍稀蔬菜的一种统称，是区别于大宗菜、大路菜、常见菜的"名""优""新""稀""特""野蔬菜"。由"洋菜中种""南菜北种""北菜南种""夏菜冬种""冬菜夏种""野菜家种"形成，具有很强的地域特色。

（二）时间性

特种蔬菜从人们少见少量种植到常见大规模种植，不断引进，不断熟悉。如 20 世纪 80 年代从国外引进的青花菜、结球生菜、紫甘蓝、西芹等，90 年代初由国外引进的樱桃番茄、羽衣甘蓝、番杏、软化菊苣等，现在全国各地大量种植。另外，一些地方的珍稀蔬菜、野生蔬菜以及新颖优质的芽苗菜等在我国蔬菜市场也悄然兴起，扩展了特菜的范围。因此"特菜"具有时间动态及更新性。

（三）品种新颖、奇特

有些特菜品种与普通蔬菜同科同属，但由于形状、风味奇特而身价倍增。如常见蔬菜黄瓜中的荷兰"迷你"黄瓜，其果形为短圆柱形，颜色深绿、表皮光滑无刺，由于其形状、口味均不同于一般黄瓜，很受市场欢迎；美洲小西葫芦，形状有香蕉形的香蕉西葫芦，有扁圆形、类似飞碟状的飞碟瓜，由于其形状奇特，色彩鲜艳，成为餐桌上的珍品。

（四）特殊生产方式

有一些特菜生产，需用较特殊的种植方法。如为改变一些蔬菜常规的上市时间，或改变原有的色彩、口感、风味等性状，常采用反季节栽培、软化栽培、苗盘纸床栽培、有机生态型无土栽培等手段栽培生产。另外还有一些特菜，需用较特殊的加工方法。

（五）特殊销售渠道

由于"特菜"栽培面积小、产品上市量少，常作为高档蔬菜销售。主要供给一些宾馆、酒店或作为节假日的礼品。

二、特种蔬菜的种类

(一) 依据典型特性划分

1. 辛香味蔬菜

指具有特殊口感或风味的蔬菜，如甜玉米、板栗南瓜、甜瓜、西瓜、荷兰豆、叶用甜菜、根用甜菜、萝卜等的甜味；番茄、野生番茄、酸浆、草莓等的酸味；苦瓜、芦笋、苦荬菜等的苦味；辣椒、大蒜、大葱、洋葱等的辣味；而香芹、芫荽、茴香、薄荷、香茅、夜花香、黑芝麻、菊花脑、藿香、香豆、香木豆、紫苏、球茎茴香、韭菜等的特殊香味。

2. 彩色蔬菜

指具有各种颜色的蔬菜，如彩色甜椒有红、橙、黄、绿、紫、乳白、褐等颜色，还有适于生食的色彩艳丽的莴苣、甘蓝等，在现代农业观光园中作为观赏蔬菜栽培。

3. 迷你蔬菜

又称袖珍蔬菜，指外形小巧的蔬菜，如樱桃番茄、迷你西瓜、樱桃萝卜、迷你黄瓜、朝天小辣椒等。

4. 象形与玩具蔬菜

指外形特殊的蔬菜，如飞碟西葫芦、佛手瓜、巨人南瓜、龙凤南瓜、羽衣甘蓝、五指茄、蛇瓜等既可观食用又可观赏。

5. 营养保健蔬菜

指具有特殊的营养价值及保健作用的蔬菜。如苦瓜、芦荟、食用仙人掌、首乌菜、降糖辣椒等。

(二) 依据来源划分

1. 西菜 (洋菜)

由国外直接引进，我国无栽培历史和消费习惯的蔬菜类型。如菊苣、荷兰豆、西芹、根芹、朝鲜蓟、青花菜、球茎茴香、羽衣甘蓝、牛蒡、婆罗门参等。

2. 各地名优蔬菜

是我国某些地区的名、特、优蔬菜。如东北雌性红萝卜、莼菜、紫菜薹、豆薯、榨菜、菜心、芥蓝、紫背天葵、节瓜、佛手瓜、心里美萝卜等。

3. 野生蔬菜

指那些我国传统采食，无栽培历史的野生蔬菜，如蕨菜、芦蒿、马兰、荠菜、马齿苋、苣荬菜、豆瓣菜、鱼腥草等。

第二章　蔬菜栽培设施

第一节　简易设施

一、阳畦

阳畦又称冷床，利用太阳光热来保持畦温，由风障畦发展而来，保温防寒性能优于风障畦，可在冬季保护耐寒性蔬菜幼苗越冬。在阳畦的基础上，提高土框，加大玻璃窗角度，加强保温，这就是改良阳畦，其性能又优于阳畦。

（一）阳畦的结构

1. 普通阳畦

由畦框、风障、玻璃（薄膜）窗、覆盖物（蒲席、稻草苫）等组成。由于各地的气候条件、材料资源、技术水平及栽培方式的不同，而发展成畦框成斜面的抢阳畦和畦框等高的槽子畦两种类型。

（1）畦框　用土做成，分为南北框及东西两侧框，其尺寸规格依阳畦类型而定。抢阳畦的畦框北框比南框高而薄，上下成楔形，四框做成后向南成坡面，故名"抢阳畦"。北框高 35~60cm，底宽30cm，顶宽 15~20cm，南框高 20~40cm，底宽 30~40cm，顶宽30cm 左右；东西侧框与南北两框相接，厚度与南框相同，畦面下宽 1.66m，上宽 1.82m。畦长 6m，或它的数倍，做成联畦；槽子畦的畦框南北两框接近等高，框高而厚，四框做成后近似槽形，故名槽子畦。北框高 40～60cm，宽 35～40cm；南框高 40～55cm，宽 30～35cm，东西两侧框宽 30cm 左右。畦面宽 1.66m。畦长 6～7m，或做成加倍长度的联畦。

（2）风障　其结构与完全风障畦基本相同，但分为直立风障（用于槽子畦）和倾斜风障（用于抢阳畦）两种。

（3）玻璃（薄膜）窗　畦面可以加盖玻璃片或玻璃窗。加盖玻璃者称为"热盖"，否则为"冷盖"。玻璃窗的长度与畦的宽度相等，窗的宽度 60～100cm，玻璃镶在木制窗框内，或用木条做支架覆盖散玻璃片。目前生产上多采用竹竿在畦面上做支架，而后覆盖塑料薄膜，称为"薄膜阳畦"。

（4）覆盖物　多采用蒲席或稻草苫覆盖，是阳畦的防寒保温设备。

2. 改良阳畦的结构

改良阳畦是由土墙（后墙、山墙）、棚架（柱、檩、柁）、土屋顶、玻璃窗或塑料薄膜棚面、保温覆盖物（蒲席或草帘）等部分组成。

改良阳畦的后墙高 0.9～1.0m，厚 40～50cm，山墙脊高与改良阳畦的中柱相同；中柱高 1.5m，土棚顶宽 1.0～1.2m。玻璃窗斜立于棚顶的前檐下，与地面成 40°～45°。目前生产上多用塑料薄膜做透明覆盖物，成半拱圆形。栽培床南北宽约 2.7m，每 3～4m 长为一间，每间设一立柱，立柱上加柁，上铺两根檩（檐檩、二檩），檩上放秫秸，抹泥，然后再放土，前屋面晚上用草帘保温覆盖。畦长因地块和需要而定，一般为 10～30m。

（二）建造阳畦的场地

建造阳畦的场地应注意选择地势高燥、背风向阳、距栽培地近、水源充足的地方。

阳畦数量少时，可以建在温室前面，这样既可利用温室防风，也便于与温室配合使用。在阳畦面积大、数量多时，必须做好田间规划。通常的做法是：阳畦群自北向南成行排列，前排的阳畦风障与后排的阳畦风障间隔 6~7m，风障占地约宽 1m，阳畦占地约 2m，畦前留空地 1m 左右作为冬季晾晒草帘用地。阳畦群的四周要夹好围障，围障内有腰障，阳畦的方位以东西延长为好。

改良阳畦的田间布局与普通阳畦相同，但因其较高，所以改良阳畦群的间距较大，一般为棚顶高的 2~2.5 倍，低纬度地区可取棚顶高的 2 倍，高纬度地区取 2.5 倍。此外，后棚顶宽一般不能超过棚顶高，否则会加大畦内遮阴。玻璃窗或塑料薄膜棚面与地面交角一般小于 50°。

(三) 阳畦的性能

1. 普通阳畦

阳畦除具有风障效应外，由于增加了土框和覆盖物，白天可以大量吸收太阳辐射，夜间可以减少向外长波辐射，从而保温能力较强。但是，由于阳畦内的热量主要来源于太阳，因此，阳畦的性能受季节和天气的影响极大。

(1) 温度季节变化 阳畦的温度随着外界气温的变化而变化，也与其保温能力的高低及外部防寒覆盖状况有关。一般保温性能较好的阳畦，其内外温差可达 13.0~15.5℃。但保温较差的阳畦冬季最低气温可出现-4℃ 以下的温度，而春季温暖季节白天最高气温又可出现 30℃ 以上的高温，因此利用阳畦进行生产既要防止霜冻，又要防止高温危害。

(2) 畦温受天气影响 晴天畦内温度较高；阴雪天气，畦内温度较低。

(3) 畦内昼夜温、湿差较大 白天由于太阳辐射，使畦内温度迅速升高，夜间不断从畦内放出长波辐射，从而迅速降温，一般畦内昼夜温差可达 10~20℃，随着温度变化，畦内湿度的变化也较大，一般白天最低空气相对湿度为 30%~40%，而夜间为 80%~100%，最大相对湿度差异可达 40%~60%。

（4）畦内空间存在局部温差　一般上午和中午中心部位上部温度较高，四周温度较低；下午距北框近的下部地方温度较高，南框和东西两侧温度较低。

2. 改良阳畦

改良阳畦的性能与普通阳畦基本相同，不同的是由于玻璃窗覆盖成一面坡形的斜立窗，加大了倾斜角度，从而增加了透光率，减少了反光率（改良阳畦反光率在 13.5% 左右，普通阳畦反光率为 56.12%），而且又有土墙、棚顶及草帘覆盖，因此，防寒保温能力好。空间大，栽培管理方便，20 世纪 70 年代以前，生产中多为玻璃窗覆盖的改良阳畦，以后日趋减少，目前生产中主要是塑料薄膜改良阳畦。

（四）阳畦的应用

1. 普通阳畦的应用

普通阳畦除主要用于蔬菜的育苗，还可用于蔬菜的秋延后、春提早及假植栽培。在华北及山东、河南、江苏等一些较温暖的地区还可用于耐寒叶菜，如芹菜、韭菜等的越冬栽培。

2. 改良阳畦的应用

改良阳畦比普通阳畦的性能优越，主要用于耐寒蔬菜如葱蒜类、甘蓝类、芹菜、油菜、小萝卜等的越冬栽培，还可用于秋延后、春提早栽培喜温果菜，也可用于蔬菜的育苗。由于改良阳畦建造成本低、用途广、效益高，发展面积远远超过阳畦。

二、温床

温床是结构较为完善的保护地类型之一，除具有冷床的防寒保温设备外，又增加了人工加温设备来补充日光加温的不足，以提高床内的气温和地温，满足低温季节进行蔬菜栽培或提早育苗的需要，是保护地蔬菜生产的重要设备之一。可分为酿热温床和电热温床。

（一）酿热温床

1. 酿热温床的结构

酿热温床主要由床框、床坑（穴）玻璃窗或塑料薄膜棚、保温覆盖物、酿热物等5部分组成。依据需求的不同可进行不同的分类。

（1）依照透明覆盖物的种类 分为玻璃扇温床与薄膜温床。

（2）依照温床在地平面上的位置 分为地上式、地下式和半地下式温床。

（3）依照床框所用的材料 分为土框、砖框、草框和木框温床。

目前用得最多的是半地下式土框温床。温床建造场地要求背风向阳、地面平坦、排水良好。床宽1.5～2.0m，长度依需要而定，床顶加盖玻璃或薄膜呈斜面以利透光。酿热物分层加入，每15cm一层，踏实后浇温水。达到厚度（多为30～50cm）即盖顶封闭，让其充分发酵，温度稳定后上铺5～10cm土。扦插或播种用的，可铺10～15cm培养土，河沙、滚石、珍珠岩等。

2. 酿热温床的酿热原理及温度调节

酿热温床利用微生物分解有机物质时所产生的热量来进行加温，这种被分解的有机物质称为酿热物。通常酿热物中含有多种细菌、真菌、放线菌等微生物，其中，能使有机物较快分解发热的是好气性细菌。酿热物发热的快慢、温度高低和持续时间的长短，主要取决于好气性细菌的繁殖活动情况。好气性细菌繁殖得越快，酿热物发热越快、温度越高、持续的时间越短，反之，则相反。而好气性细菌繁殖活动的快慢又和酿热物中的碳、氮、氧气及水分含量有密切关系，因此碳、氮、氧气及水分就成了影响酿热温床发热的重要因素。碳是微生物分解有机物质活动的能量来源；氮则是构成微生物体内蛋白质的营养物质；氧气是好气性微生物活动的必备条件；水分多少主要是对通气起调节作用。一般当酿热物中的碳氮比（C/N）为（20～30）:1，含水量为70%左右，并且通气适度和温度在10℃以上时微生物繁殖活动较旺盛，发热迅速而持久；若 C/N 用大于 30∶1，含水量过多或过少，通气不足或基础温度偏低时，则发热温度低，但持续时间长。若 C/N 小于 20∶1，通气偏多，则酿热物发热温度高，持续时间短。可以根据酿热原理，以 C/N 比、含水量及通气量（松紧）来调节发热的高低和持续时间。

由于不同物质的 C/N 比、含水量及通气性不同，可将酿热物分为高热酿热物（新鲜马粪、新鲜厩肥、各种饼肥等）和低热酿热物（牛粪、猪粪、稻草、麦秸、枯草及有机垃圾等）两类。南方地区早春培育喜温蔬菜幼苗时，由于气温低，宜采用高热酿热物做酿热材料。对于低热酿热物，一般不宜单独使用，应根据情况与高热酿热物混用。

3. 酿热温床的性能

（1）酿热温床是在阳畦的基础上进行了人工酿热加温，因此，与阳畦相比，酿热温床可显著改善床内的温度条件。

（2）由于酿热加温受酿热物及方法的限制，热效应较低，而且加温期间无法调控。床内温度明显受外界温度，床土厚薄及含水量的影响。

（3）床内南北部位接受光热的强度不同，又因受床框四周耗热的影响，床内存在局部温差，即温度北高南低，中部高周围低，可以通过调整填充酿热物的厚度来调节，一般酿热物的填充厚度是：四周厚，中心薄，南面厚，北面薄。

（4）酿热物发热时间有限，前期温度高而后期温度逐渐降低，因此秋、冬季不适用。

（5）酿热温床主要用在早春果菜类蔬菜育苗，也可在日光温室冬季育苗中为提高地温而应用。

（二）电热温床

1. 电热温床的结构

电热温床是在阳畦、小拱棚以及大棚和温室中小拱棚内的栽培床上，做成育苗用的平畦，然后在育苗床内铺设电加温线而成电加温线埋入土层深度一般为 10cm 左右，但如果用育苗钵或营养土块育苗，则以埋入土中 1～2cm 为宜。铺线拐弯处，用短竹棍隔开，不成死弯。

2. 电功率密度与总功率

单位苗床或栽培床面积上需要铺设电热线的功率称为功率密度。电功率密度的确定应根据作物对温度的要求所设定的地温和应用季节的基础地温以及设施的保温能力而决定。根据孟淑娥等人试验（1984），早春电热温床进行果菜类蔬菜育苗时，其功率密度可在 70～140W/m² 。我国华北地区冬季阳畦育苗时电热加温功率密度以 90～120W/m² 为宜，温室内育苗时以 70～90W/m² 为宜；东北地区冬季温室内育苗时以 100～130W/m² 为宜。总功率是指育苗床或栽培床需要电热加温的总功率。一般选在 80～120W/m² 。总功率可以用功率密度乘以面积来确定。

总功率＝功率密度×苗床或栽培床总面积

电热线条数的确定可根据总功率和每根电热线的额定功率来计算。由于电热线不能剪断，因此，计算出来的电热线条数必须取整数。

3. 加温线条数及布线间距

布线行数＝（线长－床宽）/床长。

布线根数＝总功率/额定功率　（总功率为苗床平方米×每平方米确定的功率；额定功率是电热线的额定功率）。

布线间距＝床宽/行数＋1 或（每米线的功率指每条线的总功率除以电热线的长度）。

4. 布线方法和注意问题

（1）布线方法　在苗床床底铺好隔热层，压少量细土，用木板刮平，就可以铺设电热加温线。布线时，先按所需的总功率的电热线总长，计算出或参照电热线说明书找出布线的平均间距，按照间距在床的两端距床边 10cm 远处插上短竹棍（靠床南侧及北侧的几根竹棍可比平均间距密些，中间的可稍稀些，把电热加温线贴地面绕好，电热加温线两端的导线用普通的电线）部分从床内伸出来，以备和电源及控温仪等连接。布线完毕，立即在上面铺好床土。

（2）使用电热线应注意的问题

a. 在铺设电热线时首先检查畅通，利用万能表。

b. 在铺线的时候行数多为偶数，除非特殊情况使用奇数，以便电热线的引线能在一侧，便于连接。

c. 电热线不可相互交叉、重叠、打结。成盘的线不要做通电实验，通电后不要长时间暴露在空气中。

d. 在铺线的时候要拉直，可以接长或剪短，修复时要用特别的焊接方法，还要做防水处理。

e. 电热线的导线（引线）不要埋在土中，以免烧断或漏电。

f. 若所用电热加温线超过两根以上时，各条电热加温线都必须并联使用而不能串联。

g. 在苗床管理时，浇水应当切断电源。

5. 电热加温原理及设备

（1）电热加温原理　电热加温是利用电流通过阻力大的导体将电能转变成热能，从而使床土（或空气）加温，并保持一定温度的一种加温方法。电热加温升温快，温度均匀，调节灵敏，使用时间不受季节的限制，同时又可自动控制加温温度，有利于蔬菜幼苗的生长发育。

（2）电热加温的设备　电热加温的设备主要有电热加温线、控温仪、继电器（交流接触器）、电闸盒、配电盘（箱）等。其中，电热加温线和控温仪是主要设备。但如果电热温床面积大，电热线安装的功率超过控温仪的直接负载能力时（≥2 000W）则需要在控温仪和电热线中间安装继电器。

（三）温床的应用

温床的用途，根据其防寒保温性能和不同地区、不同季节而定。由于酿热温床的保温期一般不过 40d，且床温前期高后期低，加上近年来酿热材料来源不足，故南北各地一般主要用于春季为露地培养秧苗；为了降低育苗成本，温床还可与冷床或中、小拱棚结合使用，即于温床播种，培育子苗，再用冷床或中、小拱棚分苗；另外，温床还可与温室结合使用，采取床室结合育苗技术，先培育大棚用苗，再培育小棚、露地用苗，即以温室抓早，播种育子苗，甚至分苗、缓苗也在温室，待温床可以使用时，再将半成苗移入温床培育成苗，第一批大棚用苗定植后，再将小棚、露地用的半成苗移入温床培育成苗；少数地区，于秧苗移植或定植后，在温床内栽植秧苗，进行短时期覆盖，以促进早熟。

三、地膜覆盖

地膜覆盖是塑料薄膜地面覆盖的简称。它是用很薄的塑料薄膜紧贴在地面上进行覆盖的一种栽培方式，是现代农业生产中既简单又有效的增产措施之一。地膜种类较多，应用最广的为聚乙烯地膜，厚度多为 0.005~0.01mm。

（一）地膜覆盖的方式

1. 平畦覆盖

在原栽培畦的表面覆盖一层地膜。平畦覆盖可以是临时性的覆盖，在出苗后将薄膜揭去；也可以是全生育期的覆盖，直到栽培结束。平畦规格和普通露地生产用畦相同（畦宽 1.00~1.65m）一般为单畦覆盖，也可以联畦覆盖。平畦覆盖便于灌水，初期增温效果较好，但后期由于随灌水带入的泥土盖在薄膜上面，而影响阳光射入畦面，降低增温效果。

2. 高垄覆盖

高垄覆盖是在菜田整地施肥后，按 45~60cm 宽、10cm 高起垄，每一垄或两垄覆盖一条地膜。高垄覆盖增温效果一般比平畦覆盖高 1~2℃。

3. 高畦覆盖

高畦覆盖是在菜田整地施肥后，将其做成底宽 1.0~1.1m，高 10~12cm，畦面宽 65~70cm，灌水沟宽 30cm 以上的高畦，然后每畦上覆盖地膜。

4. 沟畦覆盖

沟畦覆盖又称改良式高畦地膜覆盖，俗称"天膜"。即把栽培畦做成沟，在沟内栽苗，然后覆盖地膜。当幼苗长至将接触地膜时，把地膜割成十字孔将苗引出，使沟上地膜落到沟内地面上，故将此种覆盖方式称作"先盖天，后盖地"。采用沟畦覆盖既能提高地温，又能增高沟内空间的气温，使幼苗在沟内避霜、避风，所以这种方式兼具地膜与小拱棚的双重作用。可比普通高畦覆盖提早定植 5~10d，早熟 1 周左右，同时也便于向沟内直接追肥、灌水。

采取何种地膜覆盖方式，应根据作物种类、栽培时期及栽培方式的不同而定。如采用明水沟灌时，应适当缩小畦面，加宽畦沟；如实行膜下软管滴灌时，可适当加宽畦面，加大畦高，畦面越高，增温效果越好。

（二）地膜覆盖的效应

1. 对环境条件的影响

（1）对土壤环境的影响　①提高地温：由于透明地膜容易透过短波辐射，而不易透过长波辐射，同时地膜减少了水分蒸发的潜热放热，因此，白天太阳光大量透过地膜而使地温升高，并不断向下传导而使下层土壤增温。夜间土壤长波辐射不易透过地膜而比露地土壤放热少，所以，地温高于露地。地膜覆盖的增温效果，因覆盖时期、覆盖方式、天气条件及地膜种类不同而异。从不同覆盖时期看，春季低温期，覆盖透明地膜可使 0~10cm 地温增高 2~6℃，有时可达 10℃ 以上。进入夏季高温期后，如无遮阴，膜下地温可高达 50℃，但在有作物遮阴或膜表面淤积泥土后，只比露地提高 1~5℃，土壤潮湿时，甚至比露地低 0.5~1.0℃。从不同覆盖形式看，试验表明，高垄（15cm）覆盖比平畦覆盖的5cm，10cm，20cm深土壤增加温度1.0℃，1.5℃，0.2℃；宽形高垄比窄形高垄土温高1.6~2.6℃。不同垄型、不同时刻，地温的分布也不同。此外，东西延长的高垄比南北延长的增温效果好；晴天比阴天的增温效果好；无色透明膜比其他有色膜的增温效果好。②提高土壤保水能力：覆盖地膜后，土壤水分蒸发量减少，故可较长时间保持土壤水分的稳定。此外，在雨季，覆盖地膜的地块地表径流量加大，能减轻涝害。③提高土壤肥力：由于膜下土壤中温、湿度适宜，微生物活动旺盛，养分分解快，因而速效氮、磷、钾等营养元素含量均比露地增加。④改善了土壤的理化性状：覆盖地膜后能避免因土壤表面风吹、雨淋的冲击，减少了中耕、除草、施肥、浇水等人工和机械操作的践踏而造成的土壤板结现象，使土壤容重、孔隙度、三相（气态、液态、固态）比和团粒结构等均优于未覆盖地膜土壤。⑤防止地表盐分集聚：地膜覆盖由于切断了水分与大气交换的通道，大大减少了土壤水分的蒸发量，从而也减少了随水分带到土壤表面的盐分，能防止土壤返盐。

（2）对近地面小气候的影响 ①增加光照：由于地膜具有反光作用，所以地膜覆盖可使晴天中午作物群体中下部多得12%~14%的反射光，从而提高光合强度，据测定，番茄的光合强度可增加13.5%~46.4%，叶绿素含量增加5%。②降低空气相对湿度：不论露地覆盖地膜还是园艺设施内覆盖地膜，都能起到降低空气湿度的作用。据北京市农业局测定，露地覆盖地膜时，5月上旬至7月中旬期间内，田间旬平均空气相对湿度降低0.11%~12.1%，相对湿度最高值减少1.7%~8.4%。另据天津市蔬菜研究所对地膜覆盖与否的大棚内的空气相对湿度测定，覆盖地膜的比不覆盖的低2.6%~21.7%。由于地膜覆盖可降低空气湿度，故可抑制或减轻病害的发生。

2. 对蔬菜的影响

（1）促进种子发芽出土及加速营养生长 早春采用透明地膜覆

盖，可使耐寒蔬菜提早出苗 2~4d，使喜温蔬菜提早出苗 6~7d，并能提高出苗率，起到苗齐、苗全、苗壮的作用。此外，也加速了蔬菜的营养生长，促进根系发育。

（2）促进早熟　地膜覆盖为蔬菜生长发育创造了良好的生长条件，可使其生长发育速度加快，各生育期相应提前，因而可以提早成熟。促进早熟的效果依蔬菜种类和季节的不同而异。一般说来，早春季节比其他季节效果好；早熟品种效果比中、晚熟种好；喜温性作物的效果比耐寒性作物的效果好；果菜类、根菜类比叶菜类效果好；与大、小棚结合应用效果好；既"盖天"又"铺地"比单纯"铺地"效果好。

（3）促进植株发育和提高产量　地膜覆盖后，可使多种蔬菜的开花期提前。据报道，蔬菜作物中的瓜类、茄果类、根菜类、葱蒜类、速生叶菜等地膜覆盖后都有不同程度的增产作用，其增产幅度在 20%~60%。

但是，地膜覆盖栽培的增产效应因覆盖方式、时期、地膜种类，特别是肥水管理技术等的不同而有较大差异，有时还会因营养生长与生殖生长失调或脱肥早衰而造成减产，生产中必须注意。

（4）提高品质　地膜覆盖栽培不但使蔬菜早熟、增产，而且产品质量也有不同程度的提高，番茄、茄子、黄瓜、四季豆、马铃薯等早期收获的产品一般表现单果重增加，外观好，品质佳。例如，番茄果实大小整齐一致，脐腐病果和畸形果减少。据山东省农业科学院蔬菜研究所测定，番茄地膜覆盖的果实含糖量比对照增加 1%，维生素含量比对照增加 58.6%。黄瓜地膜覆盖后果实的可溶性固性物增加 0.9%，无籽西瓜增加 0.9%。

（5）增强抗逆性　因地膜覆盖后栽培环境条件得到改善，植株生长健壮，自身抗性增强，某些病、虫和风等危害减轻，尤其是对茄果类和瓜类蔬菜病害的抑制作用明显。如地膜覆盖后黄瓜霜霉病发病率降低 40%，发病期推迟 12d。青椒、番茄病毒病发病率减少7.9%~18%、病情指数降低 1.7%~20.7%。乳白膜、银色反光膜有

明显的驱蚜效果，番茄定植后 34d 的避蚜效果分别为 54% 和 35%，
而普通透明膜、黑色膜和绿色膜则有明显的诱蚜作用，诱蚜效果分
别为 30%，44% 和 49%。

3. 其他效应

（1）防除杂草　地膜覆盖对膜下土壤杂草的滋生有一定的抑制
作用。尤其是在透明地膜覆盖得非常密闭或者采用黑、绿色膜的情
况下，防除杂草的效果更为突出。塑料大棚内地膜覆盖的除草效果
一般在 70% 左右。平畦覆盖对杂草的抑制作用不如高垄。

（2）节省劳力　地膜覆盖栽培，虽然盖膜时多用了一些人力，
但在中耕、除草等用工上可节省劳动力，一般每 666.7m² 土地可节
省劳动力 10% 左右。

（3）节水抗旱　地膜覆盖可以显著减少土壤水分蒸发。因此，
可以减少浇水次数，节约用水。据试验测定，一般可节约用水
30%~40%。特别是在干旱地区节水效果尤为突出。

（三）地膜覆盖的技术要求

地膜覆盖的整地、施肥、做畦、盖膜要连续作业，不失时机，
以保持土壤水分，提高地温。在整地时，要深翻细耙，打碎土块，
保证盖膜质量。畦面要平整细碎，以便使地膜能紧贴畦面，不漏
风，四周压土充分而牢固。灌水沟不可过窄，以利灌水。做畦时要
施足有机肥和必要的化肥，如增施磷、钾肥，以防因氮肥过多而造
成果菜类蔬菜徒长。同时，后期要适当追肥，以防后期作物缺肥早
衰。在膜下软管滴灌或微喷灌的条件下，畦面可稍宽、稍高；若采
用沟灌，则灌水沟要稍宽。地膜覆盖虽然比露地减少灌水大约 1/3，
但每次灌水量要充足，不宜小水勤灌。

在一般情况下，地膜要一直覆盖到蔬菜作物拉秧，但如遇后期
高温或土壤干旱而无灌溉条件，影响作物生育及产量时，应及时揭
膜或划破，以充分利用降水，确保后期产量。残存土中的旧膜，会
污染环境，影响下茬作物的耕作和生长，因此应及时用人工或机械

清除干净。

（四）地膜覆盖的应用

1. 露地栽培

地膜覆盖可用于果菜类、叶菜类、瓜果类等的春早熟栽培。

2. 设施栽培

地膜覆盖还用于大棚、温室果菜类蔬菜栽培，以提高地温和降低空气湿度。一般在秋、冬、春栽培中应用较多。

3. 播种育苗

地膜覆盖也可用于各种蔬菜的播种育苗，以提高播种后的土壤温度和保持土壤湿度。

第二节　越夏栽培设施

越夏栽培设施是南方蔬菜在炎热夏季不可缺少的措施，主要指在夏秋季使用，以遮阳、降温、防虫、防雨为主要目的的这一类保护措施，主要包括遮阳网、防虫网和防雨棚等。

一、遮阳网覆盖

遮阳网又称遮阴网，是以高密度聚乙烯、PE、PB、PVC、回收料、全新料、聚乙丙等为原材料等为原料，经加工制作拉成扁丝，编织而成的一种网状材料。该种材料重量轻，强度高，耐老化，柔软，便于铺卷；遮阳网覆盖是利用农用聚乙烯遮阳（光）网，于高温季节进行覆盖栽培，以达到遮阳光、防暑降温，克服高温障碍的一项新技术。

（一）遮阳网的种类

目前，我国生产的遮阳网的遮光率由 25% 至 70% 不等，幅宽有

90cm、150cm、220cm 和 250cm 等，网眼有均匀排列的，也有稀、密相间排列的。颜色有黑、银灰、白、果绿、黄和黑与银灰色相间等几种。生产上使用较多的有透光率为 35%~55% 和 45%~65% 两种，宽度为 160~220cm，颜色以黑和银灰色为主，单位面积重量为 45~49g/m²。

(二) 遮阳网的性能

1. 削弱光强、改变光质

在纺织结构和疏密程度基本一致的情况下，不同颜色遮阳网的遮光率不同，以黑色网遮光率最大，绿色次之，银灰色最小。遮阳网对散射光的透过率要比总辐射高（也比直射辐射高），这说明网内作物层间的光照分布较露地均匀，其中灰色网内散射辐射比露地高，主要是由于银灰色的反射作用比较强。

遮阳网的遮光效果在 1d 中有日变化，中午前后，太阳高度最大时，效果最显著。银灰色网和黑色网下太阳辐射光谱与室外基本一致，只是黑网辐射量有所减少而已，而绿色网在 600~700nm（红橙光）波段范围内光量明显减少，此处正是绿色植物具有最强吸收率的波段。有关研究还表明，不论是 200~350nm 的紫外线区域或 400~700nm 的光合有效辐射区域，银灰网的透过率大于黑网，特别是紫外线透过率远大于黑网，这不仅影响其降温性能也影响作物的生长和品质。另外，在中、远红外线区域（4 600~16 700nm），黑网的透过率为 47%，灰网为 50%，故黑网的热积蓄少于灰网。

2. 降低地温、气温和叶温

遮阳覆盖显著降低了根际附近的温度，主要是地表及其上、下 20~30cm 的地气温。一般地表温度可下降 4~6℃，最大 12℃，地上 30cm 气温可下降 1℃，地中 5cm 地温可下降 6~10℃。若以浮面覆盖方式，则 5cm 地温可以下降 6~10℃。需要指出的是遮阳网的降温效应与天气类型关系极大，在夏季晴热型天气下，室外最高气温高达 35.1~38.0℃，露地地面最高温度平均值为 48.6℃，各种网型的降温幅度达 8~13℃，其中以透光率为 65%~70%的黑网最佳。在遮阳网覆盖下，显著地改善了根际的温度环境，降低了夜温，有利于生理代谢促进生长。

3. 减少田间蒸散量

遮阳覆盖可以抑制田间蒸散量，在大棚覆盖遮阳网下，农田蒸散量可比露地减少 1/3（遮光率 33%~45%）~2/3（遮光率 60%~70%）。

4. 减弱暴雨冲击

据江苏省镇江市农业气象站测定，在 100min 内降水量达34.6mm 的情况下，遮阳网内中部的降水量仅 26.7mm，边缘的降水量为 30.0mm，网内降水量分别减少了 13.3%~22.8%，同时水滴对地面的冲击力仅为露地的 1/50，露地植株因暴雨冲击而严重伤损，网内的却安然无恙。

5. 减弱台风袭击

遮阳网通风比塑料棚好，对风力的相对阻力小，所以只要在台风来临前将遮阳网固定好，一般不易被大风吹损，对网内作物有一定的保护作用，据测定一般网内的风速不足网外的 35%。

6. 保温防霜冻

晚秋至早春夜间浮面覆盖遮阳网可比露地气温提高 1.0~2.8℃。在遇到严重冻害时，因网内光照弱，温度回升缓慢，可缓解冻融过程，抑制因组织脱水而坏死，减轻霜冻危害。

7. 防虫、防病

据在广州市调查，银灰色遮阳网避蚜效果达 88%~100%，油菜病毒病的防病效果达 96%~99%，辣椒日灼病减少到零。

（三）遮阳网的覆盖方式

1. 浮面覆盖

又称飘浮覆盖、浮动覆盖、直接覆盖等。它利用遮阳网直接覆盖在露地或保护地中播种或移栽的作物植株上或畦面上。

2. 小平棚或小拱棚覆盖

于覆盖地块的四角埋设竹竿或木杆，高 1~2m，用铁丝连接相邻和对角的两杆，拉紧后覆盖遮阳网，东西两边一直覆盖到田埂上，成为小平棚。小平棚覆盖与塑料小拱棚类似，即用竹片、8#线、细竹竿等插成小拱棚架，覆盖遮阳网即成。一般小拱棚畦面宽1.3m，棚高 60cm。

3. 大棚或中棚覆盖

即大棚或中棚的棚顶上直接覆盖一层遮阳网。因大棚跨度较大，在覆盖前应先将 1.6m 宽的遮阳网拼接后再覆盖（需要几幅遮阳网拼接，可根据大棚跨度确定）。

（四）遮阳网的应用

遮阳网比较轻，柔软便于铺卷，贮藏时间占用空间小，便于运输，省力、省工。遮阳网覆盖栽培可提高夏季蔬菜幼苗的成苗率20%~80%，菜苗单株高，叶片数，鲜重综合指标提高 30%~50%，菜苗质量高，一般可以增产 20%。

遮阳覆盖对于缓解中国南方蔬菜夏淡季起着重要的作用，可使早熟的茄果类蔬菜延长收获 30~50d，可以增加夏季蔬菜（黄瓜、芹菜、葛芭、萝卜）产量，同时使早秋菜（花椰菜、甘蓝、大白菜、蒜苗、茼等）提前 10~30d 上市。

二、防虫网覆盖

（一）防虫网的种类

防虫网是一种新型农用覆盖材料，它以优质聚乙烯为原料，添加了防老化、抗紫外线等化学助剂，经拉丝织造而成，形似窗纱类的覆盖物。

防虫网通常是以目数进行分类的。目数即是在 1in（in 为英寸，非法定计量单位，1in = 0. 025 4m）见方内（长 25.4mm，宽 25.4mm）有经纱和纬纱的根数，如在 1in 见方内有经纱 20 根，纬纱 20 根，即为 20 目，目数小的防虫效果差；目数大的防虫效果好，但通风透气性差，遮光多，不利网内蔬菜的生长，防虫网的颜色有白色、黑色、银灰色、灰色等几种。铝箔遮阳防虫网是在普通防虫网的表面缀有铝箔条，来增强驱虫、反射光效果。

（二）防虫网的选择

生产上主要根据所防害虫的种类选择防虫网，但也要考虑作物的种类、栽培季节和栽培方式等因素。防棉铃虫、斜纹夜蛾、小菜蛾等体形较大的害虫，可选用20~25 目的防虫网；防斑潜蝇、温室白粉虱、蚜虫等体形较小的害虫，可选用30~50 目的防虫网。喜光性蔬菜以及低温期覆盖栽培，应选择透光率高的防虫网；夏季生产应选择透光率低、通风透气性好的防虫网，如可选用银灰色或灰色及黑色防虫网。单独使用时，适宜选择银灰色（银灰色对蚜虫有较好的驱避作用）或黑色防虫网，与遮阳网配合使用时，以选择白色为宜，网目一般选择 20~40 目。

（三）防虫网覆盖

1. 覆盖形式

（1）整体覆盖　整体覆盖主要分为以下三种情况。①大中拱棚覆盖：将防虫网直接覆盖在棚架上，四周用土或砖压实，棚管（架）间用压膜线扣紧，留大棚正门揭盖，便于进棚操作。②小拱棚覆盖：将防虫网覆盖于拱架顶面，四周盖严，浇水时直接浇在网上，整个生产过程实行全程覆盖。③平棚覆盖：用水泥柱或毛竹等搭建成平棚，面积以 0. 2hm^2 左右为宜，棚高 2m，棚顶与四周用防虫网覆盖压严，既能做到生产期间的全程覆盖，又能进入网内操作。

（2）局部覆盖　局部覆盖主要用于温室、塑料大棚防雨栽培。

防虫网覆盖于温室、塑料大棚的通风口、门等部位。

2. 覆盖技术与管理要点

(1) 防虫网覆盖前要进行土壤灭虫　可用1%杀虫素2 000倍液，畦面喷洒灭虫，或667m² 地块用3%米乐尔2kg做土壤消毒，杀死残留在土壤中的害虫，清除虫源。

(2) 防虫网要严实覆盖　防虫网四周要用土压严实，防止害虫潜入为害与产卵。

(3) 防虫网实行全栽培期覆盖　对栽培期短的作物，基肥要一次性施足，生长期内不再撤网追肥，不给害虫侵入制造可乘机会。

(4) 拱棚应保持一定的高度　拱棚的高度要大于作物高度，避免叶片紧贴防虫网，网外害虫取食叶片并产卵于叶上。

(5) 防虫网修补　发现防虫网破损后应立即缝补好，防止害虫趁机而入。

(6) 高温季节要防网内高温　高温季节覆盖防虫网后，网内温度容易偏高，可在顶层加盖遮阳网降温，或增加浇水次数，增加网内湿度，以湿降温。当最高温度连续超过35℃时，应避免使用防虫网，防止高温危害。

在正确使用与保管下，防虫网寿命可达3~5年或更长。

(四) 防虫网的性能

1. 防虫

防虫网以人工构建的屏障，将害虫拒之网外，达到防虫、防病保菜的目的。此外，防虫网反射、折射的光对害虫还有一定的驱避作用。覆盖防虫网后，基本上可免除菜青虫、小菜蛾、甘夜蛾、斜纹夜蛾、黄曲跳甲、猿叶虫、蚜虫等多种害虫的为害。

2. 防暴雨、抗强风

夏季强风暴雨会对作物造成机械损伤，使土壤板结，发生倒苗、死苗等现象。覆盖防虫网后，由于网眼小、强度高，暴雨经防虫网撞击后，降到网内已成细雨，冲击力减弱，有利于作物的生长。

防虫网具有较好的抗强风作用。据测定,覆盖 25 目防虫网,大棚内的风速比露地降低 15%~20%;覆盖 30 目防虫网,风速降低 20%~25%。

3. 调节气温和地温

防虫网属于半透明覆盖物,具有一定的增温和保温作用。据测定,覆盖 25 目白色防虫网,大棚温度在早晨和傍晚与露地持平,而晴天中午,网内温度比露地高约 1℃,大棚 10cm 地温在早晨和傍晚时高于露地,而在午时又低于露地。

4. 遮光调湿

防虫网具有一定的遮光作用,但遮光率比遮阳网低,如 25 目白色防虫网的遮光率为 15%~25%、银灰色防虫网为 37%、灰色防虫网可达 45%,可起到一定的遮光和防强光直射作用,因此防虫网可以在蔬菜的整个生产期间实施全程覆盖保护。

防虫网能够增加网内的空气湿度,一般相对湿度比露地高 5% 左右,浇水后高近 10%。

5. 防霜冻

早春 3 月下旬至 4 月上旬,防虫网覆盖棚内的气温比露地高 1~2℃,5cm 地温比露地高 0.5~1℃,能有效防止霜冻。

6. 保护害虫天敌

防虫网构成的生活空间,为害虫天敌的活动提供了较理想的生境,又不会使天敌逃逸到外围空间去,既保护了天敌,也为应用推广生物治虫技术创造了有利的条件。

7. 防病毒病

病毒病是多种蔬菜上的灾难性病害,主要是由昆虫,特别是蚜虫传病。由于防虫网切断了害虫这一主要传毒途径,因此,大大减轻蔬菜病毒的侵染,防效为 80% 左右。

三、防雨棚搭建

防雨棚是综合利用大棚、小拱棚的一种方式。早春利用大棚或小拱棚进行早熟栽培，6 月以后，往往因保护地内气温过高而影响作物的正常生长。因此，大棚除去围裙、小拱棚仅盖顶部，加强通风，利用薄膜防止夏季特别是黄梅季节的多雨天气造成的涝害。另外，在薄膜上加盖遮阳网，则可起到降温、防雨的双重效果。这种覆盖形式称之为防雨棚。

（一）防雨棚的种类

防雨棚主要有如下三种。

1. 小拱棚式防雨棚

小拱棚式防雨棚是用小拱棚的拱架作为骨架，在顶部盖上薄膜，四周通气。

2. 大棚防雨棚

在夏季去除大棚四周的围裙，使其通风良好，留顶膜防雨，气温过高时加盖遮阳网。

3. 弓桥形防雨棚

弓桥形防雨棚的结构近似于普通镀锌钢管大棚，只是在两边增加了集雨排水槽，同时拱架间间距较大。这种防雨棚防雨效果好。

（二）防雨棚的性能

防止雨水直接冲击土壤，避免水、肥、土的流失和土壤的板结，促进根系和植株的正常生长；防雨棚加盖遮阳网后，能有效降低设施内的气温和地温，延长早春喜温作物的生长，防止日伤，提高作物的产量，改善作物的品质；早熟栽培作物（茄果类、瓜类等）的土壤病害是通过雨水迅速传播的，利用防雨棚栽培可有效地抑制土壤病害的扩散；防雨棚能起到一定的防风作用，防止作物倒伏。

（三）防雨棚的应用

防雨棚主要应用于早熟栽培的茄果类、黄瓜等的延期生产或夏季栽培；用于秋菜类如包菜、花菜、芹菜、秋葛芭、秋番茄的提前定植栽培；也可用于速生菜类如生菜、芫荽等的夏季生产，增加蔬菜花色品种，缓解伏缺。

第三节　塑料拱棚

一、小拱棚

（一）小拱棚的类型和结构

根据结构的不同，一般将塑料小拱棚划分为拱圆棚、半拱圆棚、风障棚和双斜面棚四种类型。其中以拱圆棚应用最为普遍，而双斜面棚应用相对比较少。

1. 拱圆形小拱棚

拱圆形小拱棚是生产上应用最多的类型，主要采用毛竹片、竹竿、荆条或分 6~8mm 的钢筋等材料，弯成宽 1~3m，高 1.0~1.5m 的弓形骨架，骨架用竹竿和铅丝连成整体，上覆盖 0.05~0.10mm 厚聚氯乙烯或聚乙烯薄膜，外用压杆或压膜线等固定薄膜而成小拱棚的长度不限，多为 10~30m。通常为了提高小拱棚的防风保温能力，除在田间设置风障之外，夜间可在膜外加盖草苫、草袋片等防寒物。为防止拱架弯曲，必要时可在拱架下设立柱。拱圆形小拱棚多用于多风、少雨、有积雪的北方。

2. 双斜面小棚

这种小棚的棚面为三角形，适用于风少多雨的南方，因为双斜面不易积雨水。一般棚宽 2m，棚高 1.5m，可以平地覆盖，也可以做成畦框后再覆盖。

（二）小拱棚的性能

1. 光照

塑料薄膜小拱棚的透光性能比较好，春季棚内的透光率最低在

50%以上，光照强度达5万lx以上。塑料小拱棚覆盖初期无水滴和无污染的透光率达76.1%，但是，薄膜附着水滴或被污染后，其透光率会大大降低，有水滴的为55.4%，被污染的为60%。一般拱圆形小拱棚光照比较均匀，但当作物长到一定高度时，不同部位作物的受光量具有明显差异。

2. 温度

（1）气温 一般条件下，小拱棚的气温增温速度较快，最大增温能力可达20℃左右，在高温季节容易造成高温危害；但降温速度也快，有草苫覆盖的半拱圆形小棚的保温能力仅有6~12℃，特别是在阴天、低温或夜间没有草苫保温覆盖时，棚内外温差仅为1~3℃，遇有寒潮易发生冻害。因为小拱棚的热源是阳光，因此棚内的温度随着外界气温的变化而变化，即棚内温度也存在着季节变化和日变化。

（2）地温 小拱棚内地温变化与气温变化相似，但不如气温剧烈。从日变化看，白天土壤是吸热增温，夜间是放热降温，其日变化是晴天大于阴（雨）天，土壤表层大于深层，一般棚内地温比露地高5~6℃。从季节变化看，据北京地区测定，1—2月10cm日平均地温为4~5℃，3月为10~11℃；3月下旬达到14~18℃，秋季地温有时高于气温。

（3）湿度 由于塑料薄膜的气密性较强，因此，在密闭的情况下，地面蒸发和作物蒸腾所散失的水汽不能逸出棚外，从而造成棚内高湿。一般棚内相对湿度可达70%~100%；白天通风时，相对湿度可保持在40%~60%，平均比外界高20%左右。棚内的相对湿度变化随外界天气的变化而变化，通常晴天湿度降低，阴天湿度升高。

（三）小拱棚的应用

1. 春提早、秋延后或越冬栽培耐寒蔬菜

小拱棚主要用于蔬菜生产，由于小棚可以覆盖草苫防寒，因此与大棚相比，早春可提前栽培，晚秋可延后栽培，耐寒的蔬菜可用小棚保护越冬。种植的蔬菜主要以耐寒的叶菜类蔬菜为主，如芹菜、青蒜、小白菜、油菜、香菜、菠菜、甘蓝等。

2. 春提早定植果菜类蔬菜

主要栽培作物有番茄、青椒、茄子、西葫芦、矮生菜豆等。

3. 早春育苗

可为塑料薄膜大棚或露地栽培的春茬蔬菜育苗。

二、中拱棚

中拱棚的面积和空间比小拱棚大，人可在棚内直立操作，是小棚和大棚的中间类型，常用的中拱棚主要为拱圆形结构。

（一）中拱棚的类型与结构

拱圆形中拱棚一般跨度为 3~6m。在跨度 6m 时，以高度 2.0~2.3m，肩高 1.1~1.5m 为宜；在跨度 4.5m 时，以高度 1.7~1.8m、肩高 1.0m 为宜；在跨度 3m 时，以高度 1.5m、肩高 0.8m 为宜；长度可根据需要及地块长度确定。另外，根据中棚跨度的大小和拱架材料的强度，来确定是否设立柱。用竹木或钢筋做骨架时，需设立柱；而用钢管作拱架则不需设立柱。按材料的不同，拱架可分为竹片（竹木）结构、钢架结构，以及竹片与钢架混合结构。近年也有一些管架装配式中棚，如 GP-Y6-1 型和 GP-Y4-2 型塑料中棚等。

1. 竹片（竹木）结构

按棚的宽度插入 5cm 宽的竹片，将其用铅丝上下绑缚一起形成拱圆形骨架，竹片入土深度 25~30cm。拱架间距为 1m 左右，中棚纵向设 3 道横拉，主横拉位置在拱架中间的下方，多用竹竿或木杆设置，主横拉与拱架之间距离 20cm 立吊柱支撑。2 道副横拉各设在主横拉两侧部分的 1/2 处，用 12mm 钢筋做成，两端固定在立好的水泥柱上，副横拉距拱架 18cm 立吊柱支撑。拱架的两个边架以及拱架每隔一定距离在近地面处设斜支撑，斜支撑上端与拱架绑住，下端插入土中，竹片结构拱架，每隔 2 道拱架设立柱 1 根，立柱上端顶在横拉下，下端入土 40cm。立柱多用木柱或粗竹竿、竹片结构的中拱棚，跨度不宜太大，多在 3~5m，南方多用。

2. 钢架结构

钢骨架中拱棚跨度较大，拱架分木架与副架。跨度为 6m 时，主架用 4 分钢管作上弦，分 12mm 钢筋作下弦制成行架，副架用 4 分钢管做成。主架 1 根，副架 2 根，相间排列。拱架间距 1.0~1.1m。钢架结构也设 3 道横拉。横拉用 12mm 钢筋做成，横拉设在拱架中间及其两侧部分 1/2 处，在拱架主架下弦焊接，钢管副架焊短截钢筋连接。横拉杆距主架上弦和副架均为 20cm，拱架两侧的 2 道横拉，距拱架 18cm。钢架结构不设立柱。

3. 混合结构

混合结构的拱架分成主架与副架。主架为钢架，其用料及制作与钢架结构的主架相同，副架用双层竹片绑紧做成。主架 1 根，副架 2 根，相间排列。拱架间距 0.8~1.0m，混合结构设 3 道横拉。横拉用分 12mm 钢筋做成，横拉设在拱架中间及其两侧部分 1/2 处，在钢架主架下弦焊接，竹片副架设小木棒与横拉杆连接，其他均与钢架结构相同。

（二）中拱棚的性能与应用

中拱棚的性能介于小拱棚与塑料薄膜大棚之间。中棚可用于韭菜、绿叶蔬菜、果菜类等作物的春提前或秋延后栽培，或用于早春育苗。活动式中棚除单独使用外，还可在大棚或温室中使用，进行多层覆盖栽培；大棚或温室内无霜冻后可将活动式中棚拆出来单独用于早熟栽培；或先将活动式中棚用于韭菜等耐寒蔬菜，再用于茄子、青椒等喜温蔬菜，进行一棚多用栽培。

三、塑料大棚

塑料薄膜大棚是用塑料薄膜覆盖的一种大型拱棚。与温室相比，它具有结构简单、建造和拆装方便，一次性投资较少等优点；与中小棚相比，又具有坚固耐用，使用寿命长，棚体空间大，作业方便及有利作物生长，便于环境调控等优点。

（一）塑料大棚的基本结构

塑料大棚主要由立柱、拱架、拉杆、塑料薄膜和压杆5部分组成。

1. 立柱

立柱的主要作用是稳固拱架，防止拱架上下浮动以及变形。在竹拱结构的大棚中，立柱还兼有拱架造型的作用。立柱材料主要有水泥预制柱、竹竿、钢架等。

竹拱结构塑料大棚中的立柱数量比较多，一般立柱间距2~3m，密度比较大，地面光照分布不均匀，也妨碍棚内作业。钢架结构塑料大拱棚内的立柱数量比较少，一般只有边柱甚至无立柱。

2. 拱架

拱架的主要作用，一是大棚的棚面造型，二是支撑棚膜。拱架的主要材料有竹竿、钢梁、钢管、硬质塑料管等。

3. 拉杆

拉杆的主要作用是纵向将每一排立柱连成一体，与拱架一起将整个大棚的立柱纵横连在一起，使整个大棚形成一个稳固的整体。竹竿结构大棚的拉杆通常固定在立柱的上部，距离顶端20~30cm处，钢架结构大棚的拉杆一般直接固定在拱架上。拉杆的主要材料有竹竿、钢梁、钢管等。

4. 塑料薄膜

塑料薄膜的主要作用，一是低温期使大棚内增温和保持大棚内的温度；二是雨季防雨水进入大棚内，进行防雨栽培。

5. 压杆

压杆的主要作用是固定棚膜，使棚膜绷紧。压杆的主要材料有竹竿、大棚专用压膜线、粗铁丝以及尼龙绳等。

（二）塑料大棚的分类

1. 按拱架建造材料分类

（1）竹拱结构大棚 竹拱结构大棚用横截面（8~12）cm×（8~12）cm 的水泥预制柱作立柱，用径粗 5cm 以上的粗竹竿作拱架，建造成本比较低，是目前农村中应用最普遍的一类塑料大棚。

该类大棚的主要缺点：一是竹竿拱架的使用寿命短，需要定期更换拱架；二是棚内的立柱数量比较多，地面光照不良，也不利于棚内的整地做畦和机械化管理。为减少棚内立柱的数量，该类大棚多采取"二拱一柱式"结构，也称"悬梁吊柱式"结构。

（2）钢拱结构大棚 钢拱结构大棚主要使用 8~16mm 的圆钢以及 1.27cm 或 2.54cm 的钢管加工成双弦拱圆形钢梁拱架。

为节省钢材，一般钢梁的上弦用规格稍大的圆钢或钢管，下弦用规格小一些的圆钢或钢管。上、下弦之间距离 20~30cm，中间用直径 8~10mm 的圆钢连接。钢多加工成平面梁，钢材规格偏小或大棚跨度比较大，单拱负荷较重时，应加工成角形梁。

除拱形钢架外，也有一些塑料大棚选用角钢、小号扁钢、槽钢以及圆钢等加工成屋脊型钢梁作拱架。由于屋脊型拱架的覆膜质量相对较差，也不适合建造大跨度大棚等原因，目前应用得比较少。

钢梁拱架间距一般为 1~1.5m，架间用直径 10~14mm 的圆钢相互连接。钢拱结构大棚的结构比较牢固，使用寿命长，并且棚内无立柱或少立柱，环境优良，也便于在棚架上安装自动化管理设备，是现代塑料大拱棚的发展方向。该类大棚的主要缺点是建造成本比较高，设计和建造要求也比较严格，另外，钢架本身对塑料薄膜也容易造成损坏，缩短薄膜的使用寿命。

（3）管材组装结构大棚 管材组装结构大棚采用一定规格 [直径（5~32）m×（1.2~1.5）mm] 的薄壁热镀锌钢管，并用相应的配件，按照组装说明进行连接或固定而成。

管材组装结构大棚的棚架由工厂生产，结构设计比较合理，规格多种，易于选择，也易于搬运和安装，是未来大棚的发展主流。

（4）玻璃纤维增强水泥骨架结构大棚　玻璃纤维增强水泥骨架结构大棚称 GRC 大棚。该大棚的拱杆由钢、玻璃纤维、增强水泥、石子等材料制而成。一般先按同一模具预制成个拱架构件，每一构件为完整拱架度的一半，构件的上端留有 2 个固孔。安装时，两根预制的构件下端入地里，上端对齐、对正后，用两块孔厚铁板从两侧夹住接头，将 4 枚丝穿过固定孔固定紧后，构成一完整的拱架。拱架间纵向用粗丝、钢筋、角钢或钢管等连成一体。

（5）混合拱架结构大棚　混合拱架结构大棚为竹拱结构大棚和钢拱结构大棚的中间类型，栽培环境优前者但不及后者。由于该类大棚的建造费用相对较低，抵抗自然灾害的能力增强，以及栽培环境改善比较明显等原因，较受广大菜农的欢迎。

（6）琴弦式结构大棚　琴弦式结构大棚用钢梁、增强水泥拱架或粗竹竿等做主拱架，拱架间距 3m 左右。在主拱架上间隔 20～30cm 纵向拉大棚专用防锈钢丝或粗铁丝，钢丝的两端固定到棚头的地锚上。在拉紧的钢丝上，按 50～60cm 间距固定径粗 3cm 左右的细竹竿来支撑棚膜。

根据主拱架的强度大小以及大棚的跨度大小等不同，一般建成无立柱式大棚或少立柱式大棚，目前以少立柱式大棚为主。

琴弦式结构塑料大棚的主要优点是：拱架遮阳小，棚内光照好；棚架质量较轻，棚内立柱的用量减少，方便管理；容易施工建造，建棚成本也比较低。其主要缺点是：大棚建造比较麻烦，钢丝对棚膜的磨损也比较严重，棚膜拉不紧时，雨季棚面排水不良，容易积水。

2. 按连接方式分类

（1）单栋大棚　整座大棚只有一个拱圆形棚顶，有比较完整的棚边和棚头结构，占地面积一般为 667m² 左右，大型大棚也不过 2 000m² 左右。

单栋大棚的主要优点是：对建棚材料的要求不甚严格，建棚成本低，容易施工；扣盖棚膜比较方便，扣膜的质量也容易保证；棚面排水、排雪效果较好；通风降温以及排湿性能较好。其主要缺点是：土地利用率较低；棚内温度、湿度以及光照等分布不均匀，低温期的保温性能较差；大棚的跨度比较小，一般只有6~15m，棚内空间小，特别是两侧较为低矮，不适合机械化和工厂化栽培管理。

（2）连栋大棚　连栋大棚有2个或2个以上拱圆形或屋脊形的棚顶。连栋大棚的主要优点是：大棚的跨度范围比较大，根据地块大小，从十几米到上百米不等，占地面积大，土地利用率比较高；棚内空间比较宽大，蓄热量大，低温期的保温性能好；适合进行机械化、自动化以及工厂化生产管理，符合现代农业发展的要求。

连栋大棚的主要缺点是：对棚体建造材料的要求比较高，对棚体设计和施工的要求也比较严格，建造成本高；棚顶的排水和排雪性能比较差，高温期自然通风降温效果不佳，容易发生高温危害。

3. 按拱架的层数分类

（1）单拱大棚　整个大棚只有一层拱架，结构简单，成本低，光照好。但棚内环境受外界气候变化的影响比较大，难控制。

（2）双拱大棚　大棚有内、外两层拱架，棚架多为钢架结构或管材结构。双拱大棚低温期一般覆盖双层薄膜保温，或在内层拱架上覆盖无纺布、保温效果好，可较单层大棚提高夜温2~4℃。高温期则在外层拱架上覆盖遮阳网，在内层拱架上覆盖薄膜遮雨，进行降温防雨栽培。与单拱大棚相比较，双拱大棚容易控制棚内环境，生产效果比较好。其主要缺点建造成本比较高，低温期双层薄膜的透光量少，棚内光照也不足。双拱大棚在我国南方应用的比较多，主要用来代替温室于冬季或早春进行蔬菜栽培。

（3）多拱大棚　大棚内、外有两层以上的拱架。一般内层拱架为临时性支架，根据季节变化环境管理要求进行安装或拆除。多拱大棚易于控制棚内环境，但管理比较琐碎。

4. 按薄膜的层数分类

（1）单层膜塑料大棚　棚架上只覆盖一层棚膜，为主要覆盖形式。该类棚的透光性好，管理简单，对电力无特别要求。但自身的保温性较差。

（2）双层膜充气式塑料大棚　大棚采用双层薄膜覆盖，膜间距30~50mm。膜间用鼓风机不停地鼓入空气，形成动态空气隔热层。与单层膜塑料大棚相比较，双层膜充气式塑料大棚的保温效果较好，可提高温度40%以上，并可进一步减少水分凝滴。但双层膜充气式大棚由于需要不间断充气，不仅需要电力支持，使用范围受到电力限制，而且维持费用也较高。另外，该大棚的充气管理要求也比较高，技术性强，难以被农民掌握，蔬菜生产上较少使用，多用于园林植物栽培。

（三）塑料薄膜大棚的应用

1. 早春果菜类蔬菜育苗

在大棚内设多层覆盖如加保温幕、小拱棚，小拱棚上再加防寒覆盖物如稻草苫、保温被等，或采用大棚内加温床以及苗床安装电热线加温等办法，于早春进行果菜类蔬菜育苗。

2. 春季早熟栽培

早春利用温室育苗，大棚定植，一般果菜类蔬菜可比露地提早上市 20~40d。主要栽培作物有黄瓜、番茄、青椒、茄子、菜豆等。

3. 秋季延后栽培

大棚秋延后栽培也主要以果菜类蔬菜为主，一般可使果菜类蔬菜采收期延后 20~30d。主要栽培的蔬菜作物有黄瓜、番茄、菜豆等。

4. 春到秋长季节栽培

在气候冷凉的地区可以采取春到秋的长季节栽培，这种栽培方式其早春定植及采收与春茬早熟栽培相同，采收期直到 9 月末，可在大棚内越夏。作物种类主要有茄子、青椒、番茄等茄果类蔬菜。

第四节　温室

一、日光温室

(一) 日光温室基本结构

无人工加温设备，靠太阳辐射为热源的温室称日光温室。我国生产上推广的蔬菜日光温室是东西延长的单屋面塑料薄膜温室，也有少量的玻璃日光温室，特别是塑料薄膜日光温室，成本低，效益高，很有发展前途。

温室主要由墙体、后屋面、前屋面、立柱及保温覆盖物等 5 部分构成。

1. 墙体

墙体分为后墙和东、西两侧墙山墙，主要由土、草泥以及砖石等建成，一些玻璃温室以及硬质塑料板材温室为玻璃墙或塑料板墙。泥、土墙通常做成上窄下宽的"梯形墙"，一般基部宽为 1.5~2m，顶宽为 1~1.2m。砖石墙一般建成"夹心墙"或"空心墙"，宽度为 0.8m 左右，内填充蛭石、珍珠岩、炉渣等保温材料。后墙高度为 1.5~3m。侧墙前高 1m 左右，后高同后墙，脊高为 2.5~4.0m。

墙体主要作用：一是保温防寒；二是承重，主要承担后屋面的重量；三是在墙顶置草苫和其他物品；四是在墙顶安装一些设备，如草苫卷放机。

2. 后屋面

普通温室的后屋面主要由粗木、秸秆、草泥以及防潮薄膜等组成。秸秆为主要保温材料，一般厚 20~40cm。砖石结构温室的后屋面多由钢筋水泥预制柱（或架）、泡沫板、水泥板和保温材料等构成。后屋面的主要作用是保温以及放置草苫等。

3. 前屋面

由屋架和透明覆盖材料组成。

（1）屋架 屋架的主要作用是前屋面造型以及支持薄膜和草苫等，分为半拱圆形和斜面两种基本形状。竹竿、钢管及硬质塑料管、圆钢等易于弯拱的建材，多加工成半圆形屋架，角钢、槽钢等则多加工成斜面形屋架。按结构形式不同，一般将屋架分为普通式和琴弦式两种。①普通式：一般只有一种拱架，拱架间距1~1.2m，结构牢固，易于管理，但造价偏高。②琴弦式：拱架一般分为主拱架（粗竹竿或粗钢管、钢梁）和副拱架（细竹竿或细钢管）两种。主拱架强度较大，支持力强、持久性好，一般间距3m左右；副拱架的强度弱，支持力也差，容易损坏，持久性差。

在主拱架上纵向固定粗铁丝或钢筋，将副拱架固定到粗铁丝上，拱架、铁丝构成琴弦状的屋架。琴弦式屋架综合了主拱架和副拱架的优点，用材经济，费用低，温室内的温度、光环境也比较好。但主拱架的负荷较大，容易损坏，加之副拱架的持久性差等原因，整个屋架的牢固程度不如普通式屋架。目前，琴弦式屋架主要用于简易日光温室。

（2）透明覆盖物 主要作用是白天使温室增温，夜间起保温作用。使用材料主要塑料薄膜、玻璃和硬质塑料板材等。

4. 立柱

普通温室内一般有3~4排立柱。按立柱所在温室中的位置，分别称为后柱、中柱、前柱和边柱。后柱的主要作用是支持后屋面，中柱和前柱主要支持和固定拱架。立柱主要为水泥预制柱，横截面规格为（10~15）cm×（10~15）cm。高档温室是用粗钢管作立柱。立柱一般埋深40~50cm。后排立柱距离后墙0.8~1.5m，向北倾斜5°左右埋入地里，其他立柱则多垂直埋入地里。

钢架结构温室以及管材结构温室内一般不设立柱。

5. 保温覆盖物

保温覆盖物的主要作用是在低温期减少温室内的热量散失，保持温室内的温度。温室保温覆盖物主要有草苫、纸被、无纺布以及保温被等。

(二) 日光温室的分类

1. 根据温室内有无加温设备分类，分为加温温室和日光温室两种。

（1）加温温室 温室内设有烟道、暖气片等加温设备，温度条件好，抵抗严寒能力强，但栽培成本较高，主要用于冬季最低温度长时间-20℃以下的地区。

（2）日光温室 温室内不专设加温设备，完全依靠自然光进行生产，或只在严寒季节进行临时性人工加温，生产成本比较低，适用于冬季最低温度-15～-10℃以上或短时间-20℃左右的地区。

2. 根据日光温室的结构和增温、保温能力不同，通常将日光温室划分为节能型日光温室和普通型日光温室两种类型。

（1）节能型日光温室 又称冬暖型日光温室。温室前屋面的采光角度大，白天增温较快。温室的墙体较厚，所用覆盖材料的增温、保温性能好，并且温室内空间较大，容热量大等，故自身的保温能力比较强，一般可达15～20℃，在冬季最低温度-15℃以上或短时间-20℃左右的地区，可于冬季不加温下，生产出喜温的蔬菜。

（2）普通型日光温室 也称春秋型日光温室、冷棚等。温室的前屋面较平，采光角度比较小，采光能力差，增温性不佳。温室的墙体比较薄，没有后屋顶或后屋顶较窄，温室低矮，空间小，容热量小，加上所用覆盖材料的规格较小等原因，自身的保温能力较弱，一般只有10℃左右，在冬季严寒地区，只能于春、秋两季和冬初、冬末生产喜温性蔬菜。

3. 根据温室的前屋面坡形分类

通常将温室划分为拱圆形和斜面形两种类型，每类温室又分为多种形式。

（1）拱圆形温室 拱圆形温室以多角度采光，采光量比较大，温度高，同时温室内的空间也比较大，保温性好，有利于蔬菜生长。其主要缺点是对拱架材料要求比较严格，所用材料必须易于弯拱并且还要有一定的强度。该类温室中，以圆—抛物面组合形的综合性能最好，应用也最多。椭圆形温室的南部空间较大，适合栽培高架蔬菜，但坡面较平，采光性差，并且草苫卷放困难、排水和排雪性能也比较差，冬季寒冷地区以及多雪地区不宜使用。

（2）斜面形温室　屋面建造材料主要有木材、角钢、槽钢等，玻璃及塑料板材温室的前屋面属此类型。斜面形温室的排水、排雪性能比较好，也易于卷放草苫。其主要缺点是二折式温室的中、前部比较低矮，栽培效果较差，三折式温室虽然中、前部加高、加大，但结构的牢固性下降，并且对建造材料和施工的要求也变高。

4. 根据骨架的材料分类

根据骨架的材料可分为竹拱结构温室、水泥预制骨架结构温室、钢骨架结构温室和混合骨架结构温室四种。

（1）竹拱结构温室　竹拱结构温室用横截面（10～15）cm×（10～15）cm 的水泥预制柱作立柱，用径粗 8cm 以上的粗竹竿作拱架，建造成本比较低，容易施工建造。该类温室的主要缺点是：竹竿拱架的使用寿命较短，需要定期更换拱架；棚内的立柱数量比较多，地面光照不良，也不利于棚内的整地做畦和机械化管理。

竹拱结构温室是普通日光温室的主要结构类型，一般采取悬梁吊柱结构形式，二拱一柱，以减少立柱的数量。节能型日光温室目前在广大农村也普遍采用此类结构，为了减少立柱的数量，大多采用琴弦式结构或主副拱架结构形式。

（2）玻璃纤维增强水泥结构　玻璃纤维增强水泥结构即 GRC 结构温室。该温室的拱架由钢筋、玻璃纤维、增强水泥、石子等材料预制而成。

（3）钢骨架结构温室　钢骨架结构温室所用钢材一般分为普通钢材、镀锌钢材和铝合金轻型钢材三种，我国目前以前两种为主。单栋日光温室多用镀锌钢管和圆钢加工成双弦拱形平面梁，用塑料薄膜作透明覆盖物。双屋面温室和连栋温室一般选用型钢（如角钢、工字钢、槽钢、丁字钢等）钢管和钢筋等加工成骨架，用硬质塑料板作透明覆盖物。

钢架结构温室结构比较牢固，使用寿命长，并且温室内无立柱或少立柱，环境优良，也便于在骨架上安装自动化管理设备，是现代温室的发展方向。但钢架温室的建造成本比较高，设计和建造要求也比较严格，尚不适合在广大农村建造使用。

（4）混合骨架结构温室 混合骨架结构温室主要为主、副拱架结构温室。主拱架一般选用钢管、钢筋平面梁或水泥预制拱架，副拱架用细竹竿或细钢管。在主拱架上纵向拉几道钢筋或焊接几道型钢，将副拱架固定到纵向钢筋或型钢上。

混合骨架结构温室综合了钢骨架温室和竹拱架温室的优点，结构简单、结实耐用，制造成本低，生产环境优良，较受农民欢迎，发展较快，是当前我国农村温室发展的主要方向。

5. 根据后屋面长短分类

（1）长后屋面式温室 后屋面内宽 2m 左右，温室自身的保温性能较好，主要用于冬季比较寒冷的地区。该类温室后屋面所承受的负荷比较大，对屋架材料的种类和规格要求比较严格，同时后屋面的遮光面也比较大，温室北部的光照不良。

（2）短后屋面式温室 后屋面内宽小于 1.5m，所承受的负荷减少，对建造材料和规格的要求不甚严格，易于建造。同时，温室的遮光面减少，室内的光照条件也较好。但温室自身的保温性能不如前者，多用于华北、西北等一些冬季不甚寒冷的地区。

6. 根据薄膜的层数分类

根据薄膜的层数可分为单层膜温室和双层膜充气式温室两种。

（1）单层膜温室 前屋面只覆盖一层棚膜，大多数温室属于此类。该类温室的透光性好，薄膜管理简单，但自身的保温性较差。

（2）双层膜充气式温室 前屋面覆盖双层棚膜，膜间距 30~50mm，膜间用鼓风机不停地鼓入空气，形成动态空气隔热层。该类温室的保温性能好，冬季不甚严寒地区可以代替"薄膜+草苫"覆盖形式进行冬季栽培，节能效果好。但双层膜充气式温室由于需要不间断充气，不仅需要电力支持，使用范围受到电力限制，而且维持费也较高。

（三）日光温室的应用

1. 蔬菜的育苗

可以利用日光温室为大棚、小棚和露地果菜类蔬菜培育幼苗。

2. 蔬菜周年栽培

目前利用日光温室栽培蔬菜已有几十种，其中包括瓜类、茄果类、绿叶菜类、葱蒜类、豆类、甘蓝类、食用菌类、芽菜类等蔬菜春茬、冬春茬、秋茬、秋冬茬的栽培。各地还根据当地的特点，创造出许多高产、高效益的栽培茬口安排，如一年一大茬，一年两茬，一年多茬等。

二、现代化温室

现代化温室主要指大型的，把几栋或十几栋温室连接，环境基本不受自然气候的影响、可自动化调控、能全天候进行园艺作物生产的连接屋面温室，是园艺设施的最高级类型。荷兰是现代化温室的发源地，代表类型为芬洛型（Venlo）温室。

（一）现代化温室的类型

现代化温室按屋面特点主要分为屋脊型连接屋面温室和拱圆形连接屋面温室两类。屋脊型连接屋面温室主要以玻璃作为透明覆盖材料，其代表型为荷兰的芬洛型温室，这种温室大多数分布在欧洲，以荷兰面积最大，目前为 1.2 万 hm^2，居世界之首。日本也设计建造一些屋脊型连接屋面温室，但覆盖材料为塑料薄膜或硬质塑料板材。我国自行设计的屋脊型连接屋面温室在生产中应用较少。拱圆形连接屋面温室主要以塑料薄膜为透明覆盖材料，这种温室主要在法国、以色列、美国、西班牙、韩国等国家广泛应用。我国目前自行设计建造的现代化温室也多为拱圆形连接屋面温室。

(二) 现代化温室的生产系统

荷兰温室是屋脊型连接屋面温室的典型代表，也是我国现代化温室的主要代表。这种温室的骨架采用钢架和铝合金构成，透明覆盖材料为4mm厚平板玻璃。温室屋顶形状和类型主要有多脊连栋型和单脊连栋型两种。

多脊连栋型温室的标准脊跨为3.2m或4.0m，单间温室跨度为6.4m，8.0m，9.6m，大跨度的可达12.0m和12.8m。早期温室柱间距为3.00～3.12m，目前以采用4.0～4.5m较多。该型温室的传统屋顶通风窗宽0.73m、长1.65m；目前玻璃宽度为1m左右，最常用的是1.25m。以4.00m脊跨为例，通风窗玻璃长度为2.08～2.14m。同样地，随着时间的推移，排水槽高度也在逐渐调整。目前该型温室的柱高2.5～4.3m，脊高3.5～4.95m，玻璃屋面角度为25° 单脊连栋型温室的标准跨度为6.40m，8.00m，9.60m，12.80m。在室内高度和跨度相同的情况下，单脊连栋型温室较多脊连栋型温室的开窗通风率大。

以荷兰温室为代表的屋脊型连接屋面温室，由下列系统组成。

1. 框架结构

（1）基础 基础是连接结构与地基的构件，它将风荷载、雪载、作物吊重、构件自重等安全地传递到地基。基础由预埋件和混凝土浇注而成，塑料薄膜温室基础比较简单，玻璃温室较复杂，且必须浇注边墙和端墙的地固梁。

（2）骨架 荷兰温室骨架一类是柱、梁或拱架都用矩形钢管、槽钢等制成，经过热浸镀锌防锈蚀处理，具有很好的防锈能力；另一类是门窗、屋顶等为铝合金型材，经抗氧化处理，轻便美观、不生锈、密封性好，且推拉开启省力。目前，大多数荷兰温室厂家都采用并安装铝合金型材和固定玻璃。也有公司用薄壁型钢，但外层用镀锌、铝和硅添加剂组成的复合材料。该涂层的化学成分为铝55%、锌43.4%、硅1.6%添加剂。该构件结合了铝合金型材耐腐蚀性强、钢镀锌件强度高的优点。

（3）排水槽　又称"天沟"，它的作用是将单栋温室连接成连栋温室，同时又起到收集和排放雨（雪）水的作用。排水槽自温室中部向两端倾斜延伸，坡降多为0.5%。连栋温室的排水槽在地面形成阴影，约占覆盖地面总面积的5%，因此要求在保证结构强度和排水顺畅的前提下，排水槽结构形状对光照的影响尽可能最小。研究结果认为：按照排水槽结构设计的流体力学要求，当排水倾斜度为0.5%，5min降水强度为300L/（s·hm²）时，排水槽的排水能力是其断面形状、坡度以及长度的函数，即在排水能力一定的情况下，每一种结构形式的排水槽都对应着一个最大的长度，这一参数也为温室的整体布局提供了设计依据。

为防止冬季寒冷夜晚覆盖物内表面形成冷凝水而滴到作物上或增加室内湿度，在排水槽下面还安装有半圆形的铝合金冷凝水回收槽，将冷凝水收集后排放到地面，或将该回收槽同雨水回收管相连接，直接排到室外或蓄水池。

2. 覆盖材料

理想的覆盖材料应是透光性、保温性好，坚固耐用，质地轻，便于安装，价格便宜等。屋脊型连栋温室的覆盖材料主要为平板玻璃（西欧、北欧、东欧玻璃温室比较多）、塑料板材（FRA板、PC板等，美国、加拿大多用）和塑料薄膜（亚洲、以色列、西班牙等多用）。寒冷地区、光照条件差的地区，玻璃仍是较常用的覆盖材料，保温透光好，但其价格高，约是薄膜温室的5倍，且易损坏，维修不方便。玻璃重量大，要求温室框架材料强度高，也增加投资。

塑料薄膜价格低廉，易于安装，质地轻，但不适于屋脊型屋面，且易污染老化，透光率差，故屋脊型连接屋面温室少用。近年来新研究开发的聚碳酸酯板材（PC板），兼有玻璃和薄膜两种材料的优点，且坚固耐用不易污染，是理想的覆盖材料，但其价格昂贵，还难以大面积推广。

3. 自然通风系统

有侧窗通风、顶窗通风或两者兼有三种类型。通风窗面积是自然通风系统的一个重要参数，研究测试结果表明，空气交换速率，取决于室外风速和开窗面积的大小，并证明顶窗加侧窗通风效果比只有侧窗好。在多风地区，如何设计合理的顶窗面积及开度十分重要，因其结构强度和运行可靠性受风速影响较大，设计不合理时易被损坏，并限制其空气交换潜力的发挥。顶窗开启方向有单向和双向两种，双向开窗可以更好地适应外界条件的变化，也可较好地满足室内环境调控的要求。玻璃温室开窗常采用联动式驱动系统，工作原理是发动机转动时带动纵向转动轴，并通过齿轴—齿轮结构，将转动轴的转动变为推拉杆在水平方向上的移动，从而实现顶窗启闭。因此，在整个传动机构中，齿轮、齿条的质量和加工精度，是开窗系统运行可靠的关键。

4. 加热系统

现代化温室因面积大，没有外覆保温层防寒，只能依靠加温来保证寒冷季节园艺作物正常生产。加温系统采用集中供暖分区控制，有热水管道加温和热风加温两种方式。

热水管道加温主要是利用热水锅炉，通过加热管道对温室加温。该系统由锅炉、锅炉房，调节组、连接附件及传感器、进水及水口主管、温室内的散热管等组成。温室内的散热管排列有以下要求：①保证温室内温度均匀，一般水平方向的温度差不超过 1℃。②热源能根据温室作物生长的变化而变化，从而保证作物生长的温度。③保证热水在管道内循环流畅。根据温室内作物生长的变化，温室内散热管的排列按管道的移动性可分为升降式和固定式管道，按管道的位置则可分为垂直排列和水平排列管道。热水管道采用燃煤进行加热，其特点是温室内温度上升速度慢，室内温度均匀，在停止加热后温室内温度下降的速度也慢，因此有利于作物生长，而且加热管道可兼作高架作业车的轨道，便于温室作物的日常管理。但所需的设备和材料多，安装维修费时、费工，一次性投资大，且需另占土地修建锅炉房等附属设施。温室面积大时，一般采用热水管道加温。

热风加热主要是利用热风炉，通过风机将热风送入温室加热。该系统由热风炉、送气管道（一般用聚乙烯薄膜作管道）、附件及传感器等组成。热风加热采用燃油或燃气进行加热，其特点是温室内温度上升速度快，但在停止加热后，温度下降也快，加热效果不及热水管道。但设备和材料较热水管道节省，安装维修简便，占地面积小。热风加温适用于面积比较小的连栋温室。

目前荷兰白天多利用 CO_2 施肥时燃烧天然气或重油放出的热量将水加热，然后将热水贮存在地下蓄热罐中，夜间让热水通过管道循环，达到温室加温的目的。一个供热量 6.5t 的蒸汽锅炉，每小时耗油量 300kg/台，供热量 $16\ 538×10^6$ J/h，可满足外界最低气温 $-15℃$ 地区 $10\ 000m^2$ 不加保温覆盖温室的供暖。

5. 帘幕系统

帘幕系统具有双重功能，即在夏季可遮挡阳光，降低温室内的温度，一般可遮阴降温7℃左右；冬季可增加保温效果，降低能耗，提高能源的有效利用率，一般可提高室温6~7℃。

帘幕材料有多种形式，较常用的一种采用塑料线编织而成，并按保温和遮阳的不同要求，嵌入不同比例的铝箔。帘幕可分为节能型、节能/遮光型、遮光型和全遮光型等多种类型，各种类型又有许多产品，每种产品的节能率和遮阳率有所不同，生产上可根据需要进行选择。

帘幕开闭驱动系统根据其采用构件的不同而分为两种形式：一种是齿轮—齿条驱动机构，由发动机转动带动驱动轴转动，经过齿轮箱、驱动轴的转动转换为推拉杆的水平移动，从而实现帘幕的展开和收拢；另一种是钢丝绳牵引式驱动机构，由齿轮减速电机、轴承、传动管轴、牵引钢丝绳、滑轮组件、链轮和链条等组成。传动钢丝绳安装在两端山墙横梁上的滑轮组件内，并与传动管轴相绕；钢丝绳用张紧器张紧至适当的张紧度；当传动管轴旋转时，借助摩擦力带动钢丝绳运动，从而牵引帘幕；通过电机的正反转实现帘幕的展开与收拢。

6. 计算机环境测量和控制系统

计算机环境测控系统，是创造符合园艺作物生育要求的生态环境，从而获得高产、优质产品不可缺少的手段。调节和控制的气候目标参数包括温度、湿度、CO_2浓度和光照等。针对不同的气候目标参数，宜采用不同的加热、通风等系统控制设备。

7. 灌溉和施肥系统

完善的灌溉和施肥系统，通常包括水源、贮水及供给设施、水处理设施、灌溉和施肥设施、田间网络、灌水器如滴头等。其中，贮水及供给设施、水处理设施、灌溉和施肥设施构成了灌溉和施肥系统的首部，首部设施可按混合罐原理制作成一个系统，在土壤栽培时，作物根区土层下需铺设暗管，以利于排水。在基质栽培时，可采用肥水回收装置，将多余的肥水收集起来，重复利用或排放到温室外面。

在灌溉和施肥系统中，肥料均匀注入水中非常重要。目前采用的方法主要有：文丘里注肥器法、水力驱动式肥料泵法、电驱动肥料泵法。

（1）文丘里注肥器法 使用根据流体力学的文丘里原理设计而成的文丘里注肥器进行施肥的一种方法。也就是利用输液管某一部分截面变化而引发的水的速度变化，使管道内形成一定负压，将液体肥料带入水中，随水进行施肥。

（2）水力驱动式肥料泵法 通过水流流过柱塞或转轴，将液体肥料带入水中，注肥比率可以进行准确控制。

（3）电驱动肥料泵法 通过电驱动肥料泵将液体肥料施入田间的方法。这种方法简便，泵的价格低，运行可靠，在有电源的地方可使用。电驱动肥料泵型号较多，小到每小时注入几升肥料液，大到每小时注入几百升肥料液。

灌溉和施肥系统设有电子调节器及电磁阀，通过时间继电器，调整成时间程序，可以定时、定量地进行自动灌水。如果是无土栽培，则可以定量灌液，并能自动调节营养液中各种元素的浓度。在寒冷季节，可以根据水温控制混合阀门调节器，把冷水与锅炉的热水混合在一起，以提高水的温度。喷灌系统也可进行液肥喷灌和喷施农药，并在控制盘上可测出液肥、农药配比的电导度和需要稀释的加水量。温室盆栽观赏蔬菜多采用针式滴头施肥灌溉，可在滴灌管线上每隔一定距离安置增压器，每个增压器最多可带动 50 个滴头，有效改善滴灌效果。

8. 二氧化碳气肥系统

大型连栋温室因是相对封闭的环境，CO_2 浓度白天低于外界，为增强温室园艺作物的光合作用，需补充进行气体施肥。大型温室多采用二氧化碳发生器，将煤油或天然气等碳氢化合物通过充分燃烧产生 CO_2，通常 1L 煤油燃烧可产生 $1.27m^3$ 的气体。也可将的贮气罐或贮液罐安放在温室内，直接输送 CO_2 到温室中。CO_2 一般通过电磁阀、鼓风机和管道，输送到温室各个部位。为了控制 CO_2 浓度，需在室内安置 CO_2 气体分析仪等设备。

9. 温室内常用作业机具

包括土壤和基质消毒机、喷雾机械等。

（三）现代化温室的应用

现代化温室主要应用在喜温果类蔬菜栽培及育苗等。其中，蔬菜生产中又以生产番茄、黄瓜和青椒为主。在生产方式上，荷兰温室基本上全部实现了环境控制自动化，作物栽培无土化，生产工艺程序化和标准化，生产管理机械化、集约化。因此，荷兰温室黄瓜产量大面积可达到 $800t/hm^2$、番茄可达到 $600t/hm^2$。不仅实现了高产，而且达到了优质，产品行销世界各地。我国引进和自行建造的现代化温室，绝大部分也用于蔬菜育苗和栽培，很多温室已实现了工厂化生产。运用生物技术、工程技术和信息管理技术，以程序化、机械化、标准化、集约化的生产方式，采用流水线生产工艺，充分利用温室的空间，加快蔬菜的生长速度，使蔬菜产量比一般温室提高 10~20 倍，充分显示了现代化设施园艺的先进性和优越性。

第三章　蔬菜种子播前处理

第一节　蔬菜种子

一、蔬菜种子及其特点

（一）蔬菜种子的含义

优质的种子是育苗的基本条件之一，也是培育壮苗、获得高产的基础。广义蔬菜种子泛指所有用来繁殖下一代的播种材料。狭义蔬菜种子专指植物学上的种子。根据其来源和特点可分为3类。

第一类由胚珠发育而成的种子，如白菜类、瓜类、豆类、茄果类、苋菜等的种子。

第二类种子属于果实，由胚珠和子房构成，如莴苣瘦果，菱果坚果，胡萝卜、芹菜、芫荽等双悬果，根恭菜聚合果。

第三类种子属于无性繁殖材料的营养器官，有鳞茎（大蒜、洋葱）、球茎（芋头、荸荠）、根状茎（韭菜、姜、莲藕）、块茎（马铃薯、山药、菊芋）等。

（二）蔬菜种子的形态和结构

1. 种子的形态

种子形态指种子的外形、大小、颜色、表面光洁度、种子表面特点等，如沟、棱、毛刺、网纹、蜡质、突起物。种子形态是鉴别蔬菜种类、判断种子质量的重要依据，如成熟种子色泽较深，具蜡质；欠成熟的种子色泽浅，皱瘪。新种子色泽鲜艳光洁，具香味；陈种子色泽灰暗，具霉味。种子的大小以千粒重表示。

（1）大粒种子　千粒重＞100g，如瓜类（除黄瓜、甜瓜）、豆类。

（2）中粒种子　千粒重10～100g，如黄瓜、甜瓜、萝卜、菠菜。

（3）小粒种子　千粒重＜10g，如白菜类、茄果类、葱蒜类、芹菜、莴苣等。

种子的大小与营养物质的含量有关，对胚的发育有重要作用，还关系到出苗的难易和秧苗的生长发育速度。种子愈小，播种的技术要求愈高，苗期生长愈缓慢。

2. 种子的结构

蔬菜种子结构包括种皮、胚，有的蔬菜种子还有胚乳，有的果实型种子还有果皮。根据成熟种子胚乳的有无，可将种子分为有胚乳种子（如番茄、菠菜、芹菜、韭菜的种子）和无胚乳种子（如瓜类、豆类、白菜类的种子）。

（1）种皮及果皮　种皮和果皮都是包围在胚和胚乳外部的保护组织。果皮和种皮的厚薄、细胞结构的致密程度均影响种子和外界环境条件的关系，因而对种子休眠、发芽、寿命长短、干燥贮藏均有重要的影响。同时，种皮表面的光洁度、沟、棱、毛刺、网纹、蜡质、突起物等均是鉴别蔬菜种类，判断种子质量及老、嫩、新、陈的重要依据。

（2）胚　胚是种子中最重要的组成部分，是唯一未发育的雏形植物，由胚芽、胚轴、胚根和子叶四部分组成。胚芽和上胚轴，以后将发育为茎、叶等地上部分。介于子叶与胚根的中间部分称下胚轴。萌发后若下胚轴伸长，则子叶出土，如毛豆、萝卜、白菜、黄瓜等。而下胚轴胚不伸长则子叶留在土中，如蚕豆、豌豆等。胚根是未来植物的初生根。

（3）胚乳　胚乳包括内胚乳和外胚乳。有些蔬菜种子的外胚乳发达，如甜菜、苋菜等；有些则内胚乳发达，如胡萝卜、芹菜、茄子、辣椒等，这些统称为有胚乳种子。而豆科、葫芦科及菊科蔬菜没有胚乳，营养物质贮藏于胚内，尤以子叶内最多。

（三）蔬菜种子的特征

1. 蔬菜种类及品种繁多，防杂保纯困难

我国目前栽培的蔬菜遍及 29 个科，209 个种，17 000 个品种，仅十字花科异花授粉的白菜品种就达 400 余个，萝卜品种 350 个。各地采种设置隔离区不够严格，极易出现生物学混杂，造成杂劣品种，种子保纯困难。

2. 采种方法和采种技术复杂

目前，蔬菜育种仍多是常规育种，由于蔬菜生产的特殊性，形成了蔬菜种子生产方法和技术措施的复杂性。

3. 开发周期长，使用年限短

随着人民生活水平的提高，对蔬菜产品的经济形状要求更高。培育一个新品种到生产上大面积推广，一般需 8~10 年，而使用只有 5~8 年，就可能被另一个品种代替。由此，决定了蔬菜种子开发周期长，使用年限短的特点。

4. 贮藏和检测条件差，管理混乱

必须尽快改善种子生产，贮藏条件，加强销售管理等问题。

二、种子成熟度和寿命

日本人铃木等用登熟、追熟和后熟 3 个阶段来表示种子的成熟度。以茄科和葫芦科为例，登熟是从亲本植株开花授粉后到收获种子为止的阶段；追熟是亲本植株采收种果以后到采收种子为止的阶段；后熟是从采种果取出种子后到休眠停止为止的阶段。番茄和瓜类种子几乎没有休眠期，因此也没有必要进行后熟，而像芹菜种子，收获后有 3~4 个月的休眠期，所以要经过后熟才会有较高的发芽率。

蔬菜种子的寿命（或发芽年限）是指种子能保持良好发芽能力的年限。这取决于遗传特性以及种子个体生理成熟度、种子的结构、化学成分等因素，同时也受贮藏条件影响。种子寿命和种子在生产上的使用年限不同。生产上通常以能保持 60%~80% 以上发芽率的最长贮藏年限为使用年限。一般贮藏条件下，蔬菜种子的寿命 1~6 年，使用年限只有 1~3 年。

三、种子萌发

蔬菜种子发芽过程的显著特点是可以不靠外来的营养物质，而是消耗自身的贮藏物质作为能源。在生物化学上是种子形成的逆过程，它的本质是把种子所贮备的高分子态的物质，转化为低分子态的营养料，供给幼胚生长发育。

（一）萌发条件

种子结构完整，生活力强，已过休眠期，足够的水分，充足的氧气和适宜的温度。此外，光和其他因素对种子发芽也有不同程度的影响。

1. 水分

水分是种子萌发的重要条件，种子萌发的第一步就是吸水。一般蔬菜种子浸种 12h 即可完成吸水过程，提高水温（40~60℃）可使种子吸水加快。种子吸水过程与土壤溶液渗透压及水中气体含量有密切关系。土壤溶液浓度高、水中氧气不足或 CO_2 含量增加，可使种子吸水受抑制。种皮的结构也会影响种子的吸水，例如十字花科蔬菜种子种皮薄，浸种 4~5h 可吸足水分，黄瓜种子则需 4~6h，葱、韭菜种子需 12h。

2. 温度

蔬菜种子发芽要求一定的温度，不同蔬菜种子发芽要求的温度不同。喜温蔬菜种子发芽要求较高的温度，适温一般为 25~30℃；耐寒、半耐寒蔬菜种子发芽适温为 15~20℃。适温范围内，种子发芽迅速，发芽率也高。

3. 氧气

种子贮藏期间，呼吸微弱，需氧量极少，但种子一旦吸水萌动，则对氧气的需要急剧增加。种子发芽需氧浓度在10％以上，无氧或氧不足，种子不能发芽或发芽不良。

4. 光

根据种子发芽对光的要求，可将蔬菜种子分为需光种子、嫌光种子和中光种子三类。需光种子发芽需要一定的光，在黑暗条件下发芽不良，如莴苣、紫苏、芹菜、胡萝卜等；嫌光种子要求在黑暗条件下发芽，有光时发芽不良，如苋菜、葱、韭菜及其他一些百合科蔬菜种子；大多数蔬菜种子为中光种子，在有光或黑暗条件下均能正常发芽。

（二）萌发过程

种子萌发的过程分为吸水膨胀、萌动和发芽三个阶段。种子吸水膨胀过程有两个阶段：第一，初始阶段，吸收作用依靠种皮、珠孔等结构的机械吸水膨胀之力；第二，完成阶段，吸水依靠种子胚的生理活动，吸收的水分主要供给胚的活动。有生活力的种子，随着水分吸收，酶的活动能力加强，贮藏的营养物质开始转化和运输，胚部细胞开始分裂、伸长。胚根首先从发芽孔伸出，这就是种子的萌动，俗称"露白"或"破嘴"。种子露白后，胚根、胚轴、子叶、胚芽的生长加快，胚轴顶着幼芽破土而出。

种子吸水的生理作用是：使种皮变软开裂，胚与胚乳吸水膨胀；种皮适度吸水使透气性增强，这有利于胚细胞在呼吸过程中吸收氧气和排出二氧化碳；原生质由凝胶状态变成溶胶状态，这增强了胚的代谢活动，促进原生质的流动。

四、蔬菜种子质量检验

蔬菜种子质量的优劣，最终表现为播种的出苗速度、整齐度、秧苗纯度和健壮程度等。这些种子的质量标准，应在播种前确定，以便做到播种、育苗准确可靠。种子质量的检验内容包括种子净度、品种纯度、千粒重、发芽势和发芽率等。

美国 Lowa 州立大学种子中心的研究人员认为，种子质量应包括以下五个方面：物理性状（包括种子的净度、适播期、外观和水分）、生理特性（包括种子的发芽力、种子活力和休眠状况）、遗传特性（包括遗传纯度、遗传强度等）、病虫状况（指种子携带病虫的情况）、商品性状（包括种子的包装材料和包装技术、标签规格和内容、外观）。

1. 纯度

种子纯度是指供检种子样品中属于本品种的种子重量的百分数。有田间检验和室内检验两种方法，普遍采用的是室内检验法。室内检验以形态鉴定为主，根据种子形状、大小、色泽、花纹及种皮的其他特征，通过肉眼或放大镜进行观察，区别不同蔬菜种子。蔬菜种子的纯度应达到98%以上。纯度用下式计算：

$$种子纯度 = \frac{\{供试样品总重（g）-[杂质重（g）+杂种子重（g）]\} \times 100}{供试样本总重（g）}$$

2. 净度

检查种子净度的方法是称取一定量的种子，除去各种杂质后，再称纯净种子的重量。按下式计算：

$$净重 = \frac{纯净种子重量（g）\times 100}{样品重量（g）}$$

3. 饱满度

用 1 000 粒种子重量（g）表示，通称千粒重。种子的千粒重是衡量种子是否充实饱满的主要标志。

4. 发芽率

发芽率指样品种子中种子发芽的百分数。

检查种子发芽率的方法是：大粒种子可取 50 粒，小粒取 100 粒，分别浸种 4~24h，放在 20~25℃下催芽，每天记载发芽的种子粒数，按下述方法计算种子的发芽率：

$$发芽率（\%）= \frac{发芽种子的粒数\times100}{供试种子的粒数}$$

测定种子发芽率时须注意种子对发芽条件的要求，有的种子发芽除了适宜的温度、水分、空气条件外，还要求光照或黑暗条件。

甲级蔬菜种子的发芽率应达到90%～98%，乙级蔬菜种子的发芽率应达到85%左右。

5. 发芽势

发芽势指种子发芽速度和发芽整齐度，以表示种子生活力的强弱，以规定时间内发芽百分数表示。

$$种子发芽势 = \frac{规定天数内发芽种子数\times100}{供试种子数}$$

统计发芽种子数时，凡是没有幼根、幼根畸形、有根无芽、有芽无根及种子腐烂者都不算发芽种子。

6. 种子活力

种子活力（seed viability）是指种子的健壮度，主要包括迅速萌发的发芽潜力和生产潜力。常用的测定方法有"幼苗生长（速率）""电导测定"和"红四唑哦测定（TTC法）"等。

第二节　播前准备

一、播种期确定

播种期的正确与否关系到产量的高低、品质的优劣和病虫害的轻重，在蔬菜一年多季作地区还关系到前后茬口的安排。

二、播种量计算

播种量应根据蔬菜的种植密度、单位重量的种子粒数、种子的使用价值及播种方式、播种季节来确定。点播种子播种量计算公式如下：

$$单位面积播种量（g）=\frac{[种植密度（穴数）\times 每穴种子粒数]\times 安全系数（1.2\sim4.0）}{（每克种子粒数\times 种子使用价值）}$$

种子使用价值=种子净度×品种纯度×种子发芽率

撒播法和条播法的播种量可参考点播法进行确定，但精确性不如点播法高。主要蔬菜的参考播种量见表3-1。

表3-1 主要蔬菜种子的参考播种量

蔬菜种类	播种方式	千粒重（g）	用种量（g/667m²）
白菜	直播	0.8~3.2	125~150
小白菜	育苗	1.5~1.8	250
小白菜	直播	1.5~1.8	1 500
结球甘蓝	育苗	3.0~4.3	25~50
花椰菜	育苗	2.5~3.3	25~50
球茎甘蓝	育苗	2.5~3.3	25~50
大萝卜	直播	7~8	200~250
小萝卜	直播	8~10	150~250
胡萝卜	直播	1~1.1	1 500~2 000
芹菜	育苗	0.5~0.6	150~250
芫荽	直播	6.85	2 500~3 000
菠菜	直播	8~11	3 000~5 00
茼蒿	直播	2.1	1 500~2 000
莴苣	育苗	0.8~1.2	20~25
结球莴苣	育苗	0.8~1.0	20~25
大葱	育苗	3~3.5	300
洋葱	育苗	2.8~3.7	250~350
韭菜	育苗	2.8~3.9	3 000
茄子	育苗	4~5	20~35
辣椒	育苗	5~6	80~100
番茄	育苗	2.8~3.3	25~30

（续表）

蔬菜种类	播种方式	千粒重（g）	用种量（g/667m²）
黄　瓜	育苗	25~31	125~150
冬　瓜	育苗	42~59	150
南　瓜	育苗	140~350	250~400
西葫芦	育苗	140~200	250~450
西　瓜	育苗	60~140	100~160
甜　瓜	育苗	30~55	100
菜豆（矮）	直播	500	6 000~8 000
菜豆（蔓）	直播	180	4 000~6 000
豇　豆	直播	81~122	1 000~1 500

第三节　播前处理

一、浸种

浸种是将种子浸泡在一定温度的水中，使其在短时间内吸水膨胀，达到萌芽所需的基本水量。根据浸种的水温以及作用不同，通常分为一般浸种、温汤浸种和热水烫种三种方法。

（一）一般浸种

通常用温度与种子发芽适温（20~30℃）相同的水浸泡种子。一般浸种法对种子只起供水作用，无灭菌和促进种子吸水作用，适用于种皮薄、吸水快的种子。

（二）温汤浸种

温汤浸种所用水温为55℃左右，用水量是种子体积的5~6倍。

先用常温水浸 15min，后转入 55~60℃热水中浸种，要不断搅拌，并保持水温 10~15min，然后让水温降至 30℃，继续浸种。不同的蔬菜种子浸泡的时间不同，如番茄种子需 4~5h，茄子种子需 7~8h，辣椒种子需 6~7h，黄瓜种子需浸泡 3~4h，最后洗干净种子。温汤浸种要求水温和时间要准确，并且浸到足够的时间后要立即冷却。温汤浸种最好结合药液浸种，杀菌效果更好。此法对防止番茄早疫病、茄子褐纹病、甜椒炭疽病、黄瓜角斑病、芹菜斑枯病等效果较好。

（三）热水烫种

此法一般用于难以吸水的种子，将充分干燥的种子投入 75~80℃的热水中，快速烫种 3~5s，之后加入凉水，降低温度到 55℃时，转入温汤浸种，或直接转入一般浸种。该浸种法通过热水烫种，使干燥的种皮产生裂缝，有利于水分进入种子。因此，促进种子吸水效果比较明显，适用于种皮厚、吸水困难的种子，如西瓜、冬瓜、丝瓜、苦瓜等。种皮薄的种子不宜采用此法，避免烫伤种胚。此法可以杀死种子表面的病菌和虫卵，并具有钝化病毒和促进种子吸水的作用。

浸种时应注意以下几点：第一，要把种子充分淘洗干净，除去果肉物质后再浸种；第二，浸种过程中要勤换水，保持水质清新，一般每 12h 换 1 次水为宜；第三，浸种水量要适宜，以种子量的 5~6 倍为宜；第四，浸种时间要适宜。浸种水量以种子量的 5~6 倍为宜，浸种过程中要保持水质清新，可在中间换 1 次水。

二、催芽

催芽是在消毒浸种之后，是将已吸足水的种子，置于黑暗或弱光环境里，并给予适宜温度、湿度和氧气条件，促使其迅速发芽。具体方法是将已经吸足水的种子用保水透气的材料（如湿纱布、毛巾等）包好，种子包呈松散状态，置于适温条件催芽。催芽期间，一般每 4~5h 翻动种子包 1 次，以保证种子萌动期间有充足的氧气供给。每天用清水投 1~2 次，除去黏液、呼吸热，补充水分。也可将吸足水的种子和湿沙按 1∶1 混拌催芽。催芽期间要用温度计随时监测温度。当大部分种子露白时，停止催芽，准备播种。若遇恶劣天气不能及时播种时，应将种子放在 5~10℃ 低温环境下，保湿待播。主要蔬菜的催芽适宜温度和时间见表 3-2。

表 3-2　主要蔬菜浸种催芽的适宜温度与时间

蔬菜种类	浸种		催芽	
	水温（℃）	时间（h）	温度（℃）	天数（d）
黄瓜	25~30	8~12	25~30	1~1.5
西葫芦	25~30	8~12	25~30	2
番茄	25~30	10~12	25~28	2~3
辣椒	25~30	10~12	25~30	4~5
茄子	30	20~24	28~30	6~7
甘蓝	20	3~4	18~20	1.5
花椰菜	20	3~4	18~20	1.5
芹菜	20	24	20~22	2~3
菠菜	20	24	15~20	2~3
冬瓜	25~30	12+12*	28~30	3~4

注：＊浸种 12h 后，将种子捞出晾 10~12h，再浸 12h。

催芽过程中，采用胚芽锻炼和变温处理有利于提高幼苗的抗寒力和种子的发芽整齐度。胚芽锻炼是将萌动的种子放到 0℃ 环境中冷冻 12~18h，然后用凉水缓冻，置于 18~22℃ 条件下处理 6~12h，最后放到适温条件下催芽。锻炼过程中要保持种子湿润，变温要缓慢。经锻炼后，胚芽原生质黏性增强，糖分增高，对低温的适应性增强，幼苗的抗寒力增强，适用于瓜类和茄果类的种子。变温处理是在催芽过程中，每天给予 12~18h 的高温（28~30℃）和 12~6h 的低温（16~18℃）交替处理，直至出芽。

三、种子消毒

(一) 高温灭菌

结合浸种，利用55℃以上的热水进行烫种，杀死种子表面和内部的病菌，用水量为种子量的4~5倍，不断搅拌，保持1~2min至水温降到30℃止，可杀灭病菌、虫卵。或将干燥（含水量低于2.5%）的种子置于60~80℃的高温下处理几小时至几天，以杀死种子内外的病原菌和病毒。

(二) 药液浸种

先将种子在清水中浸泡4~6h，捞出后沥干水，再浸到一定浓度的药液里，经一定时间后取出，清洗后播种，以达到杀菌消毒的目的；另一种方法是将种子浸于药剂中5~10min，再用清水反复冲洗种子至无药味为止。浸种的药剂必须是溶液或乳浊液，浓度、时间要严格掌握。药液浸种后必须用清水清洗干净后才能继续催芽、播种，否则易产生药害或影响药效。药液用量一般为种子的2倍左右。常用浸种药液有800倍的50%多菌灵溶液、800倍的甲基托布津溶液、100倍的福尔马林溶液、10%的磷酸三钠溶液、1%的硫酸铜溶液、1%的高锰酸钾溶液等。

(三) 药剂拌种

将药剂和种子拌在一起，种子表面附着均匀的药粉，以达到杀死种子表面的病原菌和防止土壤中病菌侵入的目的。拌种的药粉、种子都必须是干燥的，否则会引起药害和影响种子蘸药的均匀度，用药量一般为种子重量的0.2%~0.3%，药粉需精确称量。操作时先把种子放入罐内或瓶内，加入药粉，加盖后摇动5min，可使药粉充分且均匀地粘在种子表面。拌种常用药剂有40%五氯硝基苯、50%多菌灵、25%甲霜灵等。

四、其他处理

（一）微量元素处理

微量元素是酶的组成部分，参与酶的活化作用。播前用微量元素溶液浸泡种子，可使胚的细胞质发生内在变化，使之长成健壮、生命力强、产量较高的植株，并有促进早熟、增加产量的作用。目前生产上应用的有 0.02% 的硼酸溶液浸泡番茄、茄子、辣椒种子 5~6h；0.02% 硫酸铜、0.02% 硫酸锌、0.02% 硫酸锰溶液浸泡瓜类、茄果类种子。

（二）激素处理

用 150~200mg/L 的赤霉素溶液浸种 12~24h，有助于打破休眠，促进发芽。

（三）机械处理

有些种子因种皮太厚，需播前进行机械处理才能正常发芽。如对胡萝卜、芫荽、菠菜等种子播前搓去刺毛，磨薄果皮，苦瓜、蛇瓜种子催芽前嗑开种喙，均有利于种子的萌发和迅速出苗。

（四）漂白粉泥浆消毒

将漂白粉拌入泥浆中，漂白粉用量按 1kg 种子用 10~20g 有效成分计算，泥浆用量以正好将种子拌匀为度，漂白粉泥浆和种子混匀后，放入容器封存 16h 能有效地杀灭白菜、芹菜、萝卜等种子上的黑腐病菌。

（五）氢氧化钠溶液消毒

先用清水将菜种浸 4h，然后再置于 2% 的氢氧化钠溶液里浸 15min，最后用清水冲洗晾 18h。此法能杀灭菜种内外大部分病毒和真菌，可有效预防蔬菜病毒病、炭疽病、角斑病和早疫病等。

（六）干热处理

将需处理的种子放在 70℃ 的干燥箱中处理 2~3d（含水量低于 4%），可使种子上附着的病毒钝化，失去活力，并能提高种子活力，促进种子萌芽整齐一致。此法可防治西瓜、辣椒、番茄病毒病，也可防治虫害。

（七）种子丸粒化处理

是利用有利于种子萌发的药品、肥料及其他对种子无副作用的填料，经过充分搅拌之后均匀地包裹在小粒种子表面，种子成为圆球形，既便于机械精播，又可使种子在播种过程中不宜破碎。播后还有利于种子吸水、萌发，增强对不良环境的抵抗能力。

（八）人造种子和包衣种子

人造种子（Artificial seed）又称人工种子，是细胞工程中最年轻的一项新兴技术。最初是由英国科学家于 1978 年提出的。20 世纪 70 年代末和 80 年代初，美国植物遗传公司凯瑟领导的研究小组首先进行了人工种子研究工作，随后其他国家的科学家也相继开展了研究并取得了成功。1986 年，Redenbaugh 等成功地利用藻酸钠包埋单个体细胞胚，生产人工种子，胡萝卜、莴苣、甘蓝、苜蓿等人工种子制作获得成功。

包衣种子（Pelleting seed，Coating seed）又称大粒化种子，是 20 世纪 80 年代中期研究开发的一项促进农业增产丰收的高新技术。在种子外面裹有"包衣物质"层的作物种子，使原来的小粒或形状不规则的种子加工成为大粒、形状规则的种子。是现代种子加工新技术之一。在"包衣物质"中含有肥料、杀菌药剂和保护层等，包衣种子可促进出苗，提高成苗率，使苗生长得整齐健壮，也更适于机械化播种。常用于莴苣、芹菜、洋葱等蔬菜。

第四章　播种与管理

第一节　播种

一、播种方式

（一）按播种形式分类

1. 撒播

撒播是将种子均匀撒播到畦面上。撒播的蔬菜密度大，单位面积产量高，可以经济利用土地；缺点是种子用量大，间苗费工，对撒籽技术和覆土厚度要求严格。适用于生长迅速、植株矮小的速生菜类及苗床播种。

2. 条播

条播是将种子均匀撒在规定的播种沟内。条播地块行间较宽，便于机械化播种及中耕、起垄，同时用种量也减少，覆土方便。适用于单株占地面积较小而生长期较长的蔬菜，如菠菜、胡萝卜、大葱等。

3. 穴播

又称点播，将种子播在规定的穴内。适用于营养面积大、生长期较长的蔬菜如豆类、茄果类、瓜类等蔬菜。点播用种最少，也便于机械化耕作管理，但播种用工多，出苗不整齐，易缺苗。

（二）按播种前是否浇水分类

1. 干播

将干种子播于墒情适宜的土壤中，播前将播种沟或播种畦踩实，播种覆土后，轻轻镇压土面，使土壤和种子紧紧贴合以助吸水。

2. 湿播

播种前先打底水，但水渗后再播。浸种或催芽的种子必须湿播。播种深度（覆土厚度）主要根据种子大小、土壤质地、土壤温度、土壤湿度及气候条件而定。种子小，贮藏物质少，发芽后顶土能力弱，宜浅播；反之，大粒种子宜深播。种子播种深度以种子直径的 2~6 倍为宜，小粒种子覆土 0.5~1cm，中粒种子覆土 1~1.5cm，大粒种子覆土 3cm 左右。另外，沙质土壤，播种宜深；黏重土，地下水位高者宜浅播。高温干燥时宜深播，天气阴湿时宜浅播。芹菜种子喜光宜浅播。

二、播种深度

播种深度可以通过以下四种方式来确定。

（一）按种子的大小确定

小粒种子一般播种 1~1.5cm 深、中粒种子播种 1.5~2.5cm 深、大粒种子播种 3cm 左右深。

（二）根据土壤质地确定

沙质土土质疏松，对种子的脱壳能力弱，并且保湿能力也弱，应适当深播。黏质土对种子的脱壳能力强，且透气性差，应适当浅播。

（三）根据季节确定深度

高温多雨季节（主要是夏季）播种要深，以减少地面高温对种子的伤害，同时也能防止种子落干或雨水冲出种子。由于蔬菜种子多较小，不宜深播，为解决高温多雨季节要求深播与种子偏小的矛盾，生产上一般采取"浅播深盖法"播种，即按标准播深开沟或挖穴，播种后再在播种位置上另培厚土，于种子出苗前一天傍晚扒掉多培的土，恢复实际的播种深度。另外，"浅播深盖法"播种后如果遇雨，还可于雨后带表土稍干时，疏松表土，恢复播种层的通透性。

低温干燥季节（主要是春季）为使播种层的土壤温度尽快回升，通常要求浅播。而一些要求深播种的蔬菜如马铃薯、生姜等，进行浅播时往往达不到标准播深要求。为解决这一矛盾，生产上一般采用"深播浅盖法"播种，即按照标准播种深度开沟或挖穴，播种后浅盖土，种子出苗后，分次培土，直至达到标准要求。

（四）根据种子的需光特性确定

种子发芽要求光照的蔬菜，如芹菜等宜浅播，反之则应当深播。

第二节　育苗

一、育苗意义

（一）生理意义

为蔬菜生长增加或填补了一定的积温，以便使采收期提前并能延长收获期；影响植株的生长发育状态，如花芽分化等。

（二）生产意义

缩短在大田的生育期，提高土地利用率，从而增加单位面积产量；提早成熟，增加早期产量，提高经济效益；节省用种，提高大田的保苗率；有利于防止自然灾害及不良环境对幼苗的威胁与胁迫，有利于提高秧苗素质，保证蔬菜稳产、丰产；便于茬口安排与衔接，有利于集约化栽培的实现；秧苗运输难度不大，可充分利用异地的资源优势进行育苗，降低栽培成本，提高生产效益；培育壮苗，利于实现蔬菜产业化。

蔬菜幼苗体积小，占地面空间小，采用苗床播种，集约化管理，便于创造幼苗生长发育适宜的环境条件，可防止自然灾害和不良环境对幼苗的威胁与胁迫，利于培育优质壮苗。研究表明，秧苗素质对产量的影响达 30% ~ 50%，正如人们常说的"苗好三成收"。并且，育苗业的发展可减轻菜农或生产单位的经济与技术压力，有利于实现蔬菜产业化。

二、营养土

最适宜的育苗用土是经过人工调制好的肥沃土壤，称为培养土或床土。

（一）营养土的特性

优良床土的特性应保证秧苗生长发育以充足的矿质营养、水分及空气条件，其主要特性如下。

1. 高度的持水性和良好的通透性

良好的物理性是优良床土的基础，优良床土必须是浇水后不板结，干燥时表面不裂纹，保水保肥力强，用土坨成苗时床土不易散坨。因此，要求床土总孔隙度不低于 60%，其中大孔隙度为 15% ~ 20%，小孔隙度为 35% ~ 40%，容重 0.6 ~ 1.0t/m³。

2. 富含矿质营养和有机质

要求床土营养丰富且全面。一般要求有机质含量 15% ~ 20%，全氮含量 0.8%～1.2%，速效氮含量 100～150mg/kg，速效磷含量大于 200mg/kg，速效钾含量不低于 100mg/kg。床土适宜的 pH 值为 6～7，过酸过碱都会阻碍秧苗的生长发育。另外，床土中不应含有影响秧苗生长及根系发育的有毒有害化学物质如油类物质、除草剂等。

3. 避免使用带有病菌和害虫的土壤

保护地通风差，光照又不及露地，加之秧苗密集，病害容易发生蔓延，虫害的为害性也较大。床土选用配料不当时，就可能带入病菌和害虫造成严重为害。特别是一些土传病害，如选用种过同科蔬菜的园土配制床土，土传病害就会侵染秧苗，即使在苗期不发作而处于潜伏状态，定植后也能发展为害。这关系到育苗的成败，不应忽视。所以选择田土时应根据病害的侵染规律避免使用在几年内种过同科蔬菜的田土，不宜用同科蔬菜植株残体沤制的厩肥、堆肥配制床土。从安全考虑最好选用草炭土、山皮土、大田土配制床土。

（二）营养土的配制

为达到上述优良床土的要求，床土应按一定的配方专门配制。配制床土的原料主要为有机肥、园田土。比较理想的有机肥原料有草炭、马粪等，也可用有机质含量较高、充分腐熟的其他厩肥、堆肥等。有机肥都必须经过充分堆制腐熟后才能使用。在缺乏有机质含量高的原料时，为改善床土的物理性质，也可用其他填充原料配制床土，如稻壳、炉渣、发酵一年的甘蔗渣等，以获得良好的育苗效果。园田土要求取自非重茬地，土壤理化性质和生物性状良好，最好使用葱蒜类茬口的园田土。

育苗床土的具体配方视不同条件灵活掌握。播种床和分苗床床土的配方稍有不同。

1. 播种床营养土的配制

一般播种床的床土要求肥力较高，疏松度稍大些，因而有机肥的比例较高，以利于提高土温、保水、扎根和出苗。其有机肥和园田土之比为（6~7）∶（3~4）。

2. 分苗床营养土的配制

分苗床要求土壤具有一定的黏结性，以免定植时散坨伤根，其有机肥和园田土之比为（3~5）∶（5~7）。无论采用什么配方配制床土，当速效氮和五氧化二磷含量低于 50mg/kg 情况下，可掺入适量化肥。通常，每立方米床土可加入尿素 0.25kg、过磷酸钙 2~2.5kg。加入化肥时，必须充分拌匀，以免引起肥烧。

3. 营养土的消毒

配制床土要尽量避免病菌及虫害污染，必要时要进行消毒。常用的消毒方法有化学药剂消毒法和物理消毒法。

（1）化学药剂消毒 药剂消毒常用的有效药剂有代森锌粉剂、福尔马林、井冈霉素等。如用 65% 代森锌粉剂 60g 均匀混拌于 $1m^3$ 床土后，用薄膜密闭 2~3d，然后撤掉薄膜待药味散后再使用；用 0.5% 福尔马林喷洒床土，拌匀后密封堆置 5~7d，然后揭开薄膜待药味挥发后再使用，可防治猝倒病和菌核病；用井冈霉素溶液（5% 井冈霉素 12mL，对水 50kg），于播前浇底水后喷在床面上（$1m^3$ 用药液量为 5.5kg），对苗期病害有一定防效。

（2）物理消毒 ①蒸汽消毒：蒸汽消毒对防治猝倒病、立枯病、枯萎病、菌核病等均有良好效果，一般用蒸汽将土温提高到 90~100℃，处理 30min。蒸汽消毒的优点是无药剂的毒害；不用移动土壤，消毒时间短、省工；因通气能形成团粒结构，提高土壤通气性、保水性和保肥性；能使土壤中不溶态养分变为可溶态，促进有机物的分解；能和加温锅炉兼用；消毒降温后即可播种。②太阳能消毒：太阳能消毒是指在夏季床土堆制发酵时，覆盖薄膜密闭，使床土温度升至 70℃ 左右，经 15~20d 即可达到消毒作用；③微波消毒：微波消毒是用微波照射土壤，能灭线虫、病菌等，还可抑制杂草种子萌发。

三、苗床

育苗前，根据蔬菜幼苗的生物学特性及外界环境条件准备育苗设施。使用旧设施时，应进行设施修复和环境消毒；新建设施应在使用前或土壤上冻前完成施工，并留出扣膜预升温时间。设施准备好后，在设施内铺设育苗床。苗床面积应根据计划栽植苗数、成苗营养面积等确定。温室、塑料大棚等大型设施内一般设置多个苗床，每个苗床畦宽1~1.5m；温床、冷床、塑料小拱棚等小型设施内，一般只设1个苗床。如采用电热温床育苗，应事先在床内布好地热线。苗床准备好后，在床内填入配好的床土。茄果类、甘蓝类等蔬菜，一般分设播种床和分苗床，应分别填入已准备好的播种床和分苗床的床土。播种床床土厚度5~6cm；分苗床床土厚度10~12cm。苗床装填好后，整平床面以备播种。

四、育苗

（一）育苗期的确定

苗床播种前首先要确定播种期。播种期一般是根据当地的适宜定植期和适龄苗的成苗期来确定，即从适宜定植期起按某种蔬菜的日历苗龄向前推算播种期。如河南日光温室春茬番茄一般在2月上旬至3月上旬定植，育成适合定植的具8~9片叶的秧苗需60~80d，一般应在11下旬至12月下旬播种。

苗龄分为生理苗龄和日历苗龄。生理苗龄是用秧苗的实际生长发育状态（如叶片数）表示。日历苗龄用育苗天数表示。理论日历苗龄取决于设施性能、蔬菜种类和生理苗龄标准。生产中无论采用什么措施，幼苗长到一定大小都需要一定的天数，这是由于幼苗生长到一定大小苗龄需要一定的积温（表4-1），只有满足幼苗生长发育最低要求以上的积温（有效积温）才对幼苗生长发育是有效的。实际日历苗龄除理论日历苗龄外，还应考虑分苗次数和定植前幼苗锻炼天数等。分苗难免对幼苗有一定的损伤，每次分苗后都有一定的缓苗期。缓苗期的长短主要取决于分苗方式和设施性能，一般需 3~5d。因此，在确定实际日历苗龄时，每分 1 次苗，应增加苗龄 3~5d。定植前幼苗锻炼，一般又需增加苗龄 5~7d。此外，在设施性能较差，或气候多变的季节育苗，日历苗龄应再增加机动时间 3~5d。即：

$$实际日历苗龄=理论日历苗龄+分苗所需缓苗天数+$$
$$幼苗锻炼天数+机动天数$$

表 4-1 几种代表性蔬菜秧苗的育苗期及所需积温数

| 蔬菜种类 | 生长发育过程 | | | | | | | | 苗龄 (d) | 积温 (℃) |
	催芽 (d)	积温 (℃)	出苗 (d)	积温 (℃)	子叶期 (d)	积温 (℃)	成苗期 (d)	积温 (℃)		
瓜类	1~3	30~90	3	70	7	110~120	20	360~380	31~33	570~660
番茄	4	130	3	70	8	130	35	685	50	1 015
茄子、辣椒	6	180	5	110	8	140	41~44	820~880	60~65	1 250~1 310
豆类	—	—	3	80	—	—	17	270	20	350
甘蓝、菜花	1	22	2	50	5	75	38	684	46	831
莴苣	2	40	3	70	5	75	32	545	42	730
芹菜	5	100	3	100	10	150	40	680	60	1 030

　　确定播种期是育苗成败的关键之一。生产中常由于播期过早或过晚而导致秧苗质量下降甚至育苗失败，如形成"老化苗"、徒长苗或其他质量低劣的秧苗。现依据目前的育苗条件及一定生理苗龄标准介绍我国北方地区主要育苗蔬菜不同栽培方式的日历苗龄（表4-2），供参考。

表 4-2 蔬菜育苗的生理苗龄及日历苗龄

蔬菜种类	栽培方式	生理苗龄	日历苗龄
番茄	日光温室早熟栽培	8~9 片叶、现大蕾	70~75
	大棚早熟栽培	8~9 片叶、现大蕾	60~70
	露地早熟栽培	8~9 片叶、现大蕾	60

（续表）

蔬菜种类	栽培方式	生理苗龄	日历苗龄
辣椒	大棚早熟栽培	12~14 片叶、现大蕾	80~90
	露地早熟栽培	9~12 片叶、现蕾	70~75
茄子	日光温室早熟栽培	9~10 片叶、现大蕾	100~120
	露地早熟栽培	8~9 片叶、现蕾	70~80
黄瓜	日光温室早熟栽培	5 片叶左右，见雌花	40~50
	大棚早熟栽培	5 片叶左右，见雌花	40~50
	露地早熟栽培	3~4 片叶	30~35
西葫芦	小拱棚早熟栽培	5~6 片叶	40
	露地早熟栽培	5 片叶	35~40
冬瓜	露地早熟栽培	3~4 片叶	30~35
甘蓝	露地早熟栽培	6~8 片叶	60~65
洋葱	露地栽培	3 片叶，高 20cm 左右	65（春季温室育苗）

（二）播种

播种是保证苗全、苗齐、苗壮的第一步，包括正确计算播种量、做好种子处理和掌握播种技术要点。

1. 播种量与播种面积

播种量是影响秧苗质量和育苗效率的重要因素。播种前应根据栽培面积所需苗数，确定播种量和播种面积。

$$667m^2\ 需种量（g）= \frac{定植\ 667m^2\ 需苗数 × 栽培面积}{（每克种子粒数 × 种子纯度 × 发芽率）× 安全系数（1.5~2）}$$

一般在适宜的土壤温度条件下，每 $667m^2$ 定植面积需种量为：番茄 20~30g，辣椒 80~110g，茄子 35~40g，黄瓜 150~200g，甘蓝 25~40g，南瓜 250~400g。

苗床面积应根据蔬菜种类、需苗数及播种方式而确定。中、小粒种子类蔬菜如茄果类、甘蓝类等，一般采用撒播法，可按每平方厘米 3~4 粒有效种子计算；大粒种子如瓜类、豆类蔬菜，多采用点播或容器育苗，每穴或每个容器点播 1~3 粒种子。分苗床面积按分苗后秧苗营养面积而定。一般一次分苗的营养面积，甘蓝类为（6~8）cm×（6~8）cm，茄果类为（8~10）cm×（8~10）cm，瓜类为（10~12）cm×（10~12）cm。如用容器分苗，可用直径6~8cm的育苗钵，到育苗后期可将苗钵拉开距离至10cm左右。确定苗床密度的原则是：既要充分利用播种床，又要防止播种过密造成幼苗徒长。种子质量高、分苗晚，可适当稀播；反之应适当密播。

2. 播种技术

苗床播种的具体日期应考虑天气的变化，争取播种后能有3~5d晴天，特别是在非控温条件下育苗，这一点对保证按时出苗、苗齐、苗壮非常重要。苗床播种的主要技术环节是按作床（装盘或装钵）-浇底水-播种-覆土的顺序进行。首先作好苗床，如用育苗盘或育苗钵，要先装好培养土，装土不要太满，要留下播后覆土的深度。播种前先浇透底水，以湿透床土7~10cm为宜，浇水后薄撒一层细床土，并借此将床面凹处填平即可播种。茄子、番茄、辣椒、甘蓝、白菜等小粒种子多撒播，为保证播种均匀可掺细土播种；莴苣、洋葱等有时可进行条播；瓜类、豆类种子多点播，如采用容器育苗应播于容器中央，瓜类种子应平放，不要立插种子，防止出苗时将种皮顶出土面并夹住子叶，即形成"戴帽"苗。播后立即用潮湿的细床土覆盖种子。覆土厚度依种子大小而定，茄果类、甘蓝类、白菜类等小粒种子一般覆土0.5~1cm，瓜类、豆类等大粒种子一般覆土1~2cm。盖土太薄，床土易干，出苗时易发生"戴帽"现象；盖土过厚出苗延迟。若盖药土，应先撒药土，后盖床土。为增温保湿，播后立即用地膜覆盖床面或育苗盘等容器，在出苗过程中膜下水滴多时可取下地膜，抖落掉水滴再盖上，直至开始出土时撤掉。

（三）育苗方式

1. 营养钵

（1）纸钵 也称纸筒、纸杯等，其护根效果较营养土块为好。

制作纸钵的方法有多种，常用的方法是，先制作一个圆筒模具，高12~14cm，口径8~12cm，两头开口；将旧报纸裁成一定大小的长方形（每张大报纸可裁8~12张），其长度应大于模具的周长约2cm，宽应大于纸钵计划高度约4cm。制作时，先用裁好的旧报纸卷上模具周围并将底部向筒内折起，再以模具上口装入培养土至与模具上口齐平，然后排入苗床内，排放好位置后，抽出模具，培养土则装入纸钵内。排放时，按苗床的横向，一行一行紧挨排放，并且每排放完一行，用一木板按行挤紧，使成为正方形，纸钵的高矮要一致。

（2）塑料钵　塑料钵采用聚乙烯原料制作，使用方便，护根效果好，且可多次使用。塑料钵一般是上口大，底部小，底部具有多个通水孔。市面上可以买到各种规格的塑料钵。移栽时，须将秧苗连同培养土（已形成块状）先倒出，然后再栽植。

2. 穴盘

穴盘一般用聚丙烯制作而成，宽27.5cm，长54.6cm，或宽32.5cm，长60cm。每盘孔数多少及孔的大小不同，孔径多为1.5~4.5cm，每盘孔数有50、72、128、200、288孔等。穴盘一般用于基质无土育苗，便于搬运。

第三节　苗期管理

一、出苗期、籽苗期和小苗期的管理

出苗期管理、籽苗期管理和小苗期管理，一般是指分苗前的管理，这一阶段是育苗管理的关键时期。

（一）出苗期

播种至出全苗为出苗期。这一阶段主要是胚根和胚轴生长，关键是维持适宜的土温，但如果土温有保证而气温过低，也会出现发芽不出土现象。在芽出土前，加温育苗可保持昼夜恒温，喜温蔬菜25~28℃，喜冷凉蔬菜 20~25℃。为节约能耗，天气好时白天应揭去保温覆盖物增光增温，天气不好时以盖床保温为主。夜间喜温蔬菜和喜冷凉蔬菜可分别降至 18~20℃和 15~18℃。当芽大量拱土时，应及时改为昼夜温差管理，白天必须见光，以免形成下胚轴徒长的"高脚苗"。同时，及时撤掉覆盖地面的薄膜，防止烤坏幼芽。发现土面裂缝及出土"戴帽"时，可撒盖湿润细土，填补土缝，增加土表湿润度及压力，以助子叶脱壳。

（二）籽苗期

出苗至第 1 片真叶露心前为籽苗期。这是幼苗最易徒长（"拔脖"）的时期，管理上以防幼茎徒长为中心，采取以"控"为主的原则。出苗后适当降低夜温是控制徒长的有效措施，喜温果菜和喜冷凉蔬菜的夜温分别降至 12~15℃和 9~10℃，相应的昼温分别保持 25~26℃和 20℃。尽量多见光也是防止幼茎徒长的有效措施，白天必须照光，雪天、阴天等灾害性天气也应适当见光。久阴暴晴后，应通过遮阴逐渐增高气温及光强，防止气温突然上升引起子叶萎蔫。土壤水分以保持湿润为原则，不宜浇水过多。

（三）小苗期

第 1 片真叶露心至 2~3 片真叶展开为小苗期。这一时期根系和叶面积不断扩大，"拔脖"徒长性逐渐减弱，管理原则是边"促"边"控"，保证小苗在适温、湿润和光照适宜的条件下生长。喜温性果菜昼夜气温分别保持在 25~28℃和 15~17℃，喜冷凉蔬菜相应温度分别保持在 20~22℃和 10~12℃。随着外界气温的升高应加大放风量。播种时底水充足不必浇水，可向床面撒一层湿润细土保墒。如底水不足床土较干，可选晴天一次喷透水然后再保墒，切忌小水勤浇。经常清洁玻璃或薄膜，增强室内光照；并适当早揭晚盖草苦，延长小苗受光时间，促进光合产物的积累，创造壮苗的物质基础。如遇灾害性天气，处理方法同籽苗期。如发生猝倒病应控水防病，必要时可提前分苗，防止病害蔓延。

二、起苗和分苗

起苗和分苗是育苗过程中为了扩大幼苗营养面积的移植。如一次点播营养面积够用的也可不分苗。分苗虽能刺激侧根发生，使吸收根系增多，但毕竟会对幼苗造成损伤，苗越大，分苗对幼苗造成的损伤就越大。因此，应尽量早分苗，少分苗，一般提倡只分苗一次。不耐移植的蔬菜如瓜类，应在子叶期分苗；茄果类蔬菜可稍晚些，一般在花芽分化开始前进行。

分苗前 3~4d 要通风降温和控水锻炼，提高其适应能力，以利于分苗后较快恢复生长。分苗前一天浇透水以便起苗，并可减少伤根。分苗宜在晴天进行，地温高，易缓苗。分苗方法有开沟分苗、容器分苗和切块分苗。开沟分苗时，从分苗床的一端先开深 5~8cm 的浅沟，沟内浇足水，趁水未渗完时按株距在沟内摆苗，并覆土扶直幼苗。此法缓苗快，但护根效果差。容器分苗是将床土装入盆钵中，不要装太满，然后用手指在盆钵中央把床土插个小栽植孔，把苗栽入孔中，在孔内填土后浇透水，把移栽后的盆钵摆在苗床内。切块分苗时，先在铺好床土的床内浇透水，渗水后用刀将床土划切成等边的方块，然后在切块内分苗。容器分苗和切块分苗的护根效果好。分苗深度一般以子叶节与地面齐平为度。子叶已脱落的苗或徒长苗，可适当深栽。

三、分苗后管理

分苗后管理主要包括缓苗期管理、成苗期管理。

（一）缓苗期

分苗后的 3~5d 为缓苗期。这一时期主要是恢复根系生长，需适当提高地温，管理原则是高温、高湿和弱光照。一般喜温蔬菜地温不能低于 18~20℃，白天气温 25~28℃，夜间不低于 15℃；喜冷凉蔬菜可相应降低 3~5℃。为了保湿，缓苗期间不放风。光照过强时应适当遮阴，以防止日晒后幼苗萎蔫。分苗后，由于幼苗生长暂时停滞或减缓，心叶色泽由鲜绿转为暗绿。之后当幼苗心叶由暗绿转为鲜绿时，表示根系和幼叶已恢复生长，缓苗期结束。

（二）成苗期

分苗缓苗后至秧苗定植前为成苗期。这一时期幼苗已进入正常生长期，生长量加大，果菜类开始花芽分化，是决定秧苗质量的重要时期，管理不当容易长成徒长苗或老化苗，应加强温度、水分和光照管理，保证秧苗稳健生长，争取培育壮苗。缓苗后，及时降低夜温，以防徒长，并可降低茄果类花芽分化节位和增加瓜类的雌花分化。喜温果菜夜间 12~14℃，相应的白天温度为 25℃左右；喜冷凉蔬菜夜间 8~10℃，白天 20℃左右。但较长时期连续夜温过低，如番茄夜温低于 10℃易出现畸形果，甘蓝、芹菜等夜温低于 4~5℃易发生未熟抽薹的现象。如果主要依靠控水来控制徒长，易长成"老化苗"。温度调节主要靠白天放风降温和夜间覆盖保温来实现。幼苗封行前，苗间距大，光照好，幼苗不易徒长，可适当少通风，一般仅在白天通风，并注意通风量由小到大、由南及北逐渐增加的原则。通风过猛，因幼苗不能适应空气湿度和温度的剧烈变化，易出现叶片萎蔫，2~3d 后叶面出现白斑，叶缘干枯，甚至叶片干裂的现象，菜农称之为"闪苗"。封行后，幼苗基部光照逐渐减弱，空气湿度较大，因而极易徒长，应加强通风，夜间也可适当通风。同时，应经常清洁透明覆盖物，尽量增加设施内的光照强度。

随着秧苗生长量的加大，对水分的需求也越来越多。据研究，从分苗到定植，土壤 pF 值（土壤水分张力）以维持在 1.9~2.2 为宜，不宜小水勤浇，必须一次浇透，结合撒土保墒以维持适宜的土壤含水量。幼苗旺盛生长时期易出现缺肥现象，可结合浇水适当补充氮、磷、钾肥，或用尿素和磷酸二氢钾各半配成 0.5% 的水溶液叶面喷施。

四、定植前的幼苗锻炼

为使幼苗定植到大田后能适应栽培场所的环境条件，缩短缓苗期，增强抗逆性，须在定植前锻炼幼苗。锻炼幼苗的主要措施是降温控水，加强通风和增强光照。从定植前 5~7d 应逐渐加大育苗设施的通风量，降温排湿，停止浇水，特别是降低夜温，加大昼夜温差。如果是为露地栽培育苗，最后应昼夜都撤去覆盖物，使幼苗能完全适应露地的环境条件，但必须注意防止夜间霜害；为设施生产育苗以能适应相应设施内的环境条件为锻炼标准。在锻炼期间，喜温果菜类的温度逐渐下降，最低可降到 7~8℃，个别蔬菜如番茄、黄瓜可降到 5~6℃；喜冷凉蔬菜可降到 1~2℃，甚至可以有短时间的 0℃ 低温。

经过较低夜温锻炼可有效提高秧苗的耐寒性。如黄瓜经过 6℃ 条件下锻炼 6d，在 (1±1)℃ 致害低温下 40h 未见萎蔫现象发生。秧苗通过降温控水锻炼，生长速度减慢，光合产物积累量增加，茎、叶组织的纤维素和含糖量增加，蒸腾量降低，抗逆性增强，利于定植后加速缓苗，促进生长。

定植前幼苗锻炼也不能过度，如"控"的时间过长易形成番茄"老化苗"和黄瓜"花打顶苗"。对定植在温暖条件下（如温室）的幼苗，可轻度锻炼或不锻炼。

第四节 嫁接、扦插育苗

一、砧木选择

砧木的选择主要依据三个方面：一是砧木应具有突出的抗病或

抗逆特点，能弥补栽培品种的性状缺陷；二是砧木应与接穗具有高度的嫁接亲和力，以保证嫁接后伤口及时愈合；三是砧木还应与接穗有高度的共生亲和力，以保证嫁接成活苗栽培后正常生长，不影响产品品质等。目前果菜类蔬菜已筛选出许多各具特色的砧木（表4-3，表4-4）。如黄瓜普遍采用黑子南瓜作砧木，其亲和力强，抗多种土传病害，根系发达，耐低温能力强；其次用土佐系南瓜作砧木，它是印度南瓜与中国南瓜的杂交种，与黄瓜亲和力强，耐高温；还可用南砧1号等中国南瓜作砧木。西瓜常用各种瓠瓜作砧木，抗枯萎病，耐低温、耐旱等；也可用土佐系南瓜、冬瓜和野生西瓜等作砧木。甜瓜常用土佐系南瓜或中国南瓜作砧木，也可用甜瓜共砧，或用冬瓜、丝瓜、瓠瓜作砧木。西葫芦以黑子南瓜作砧木。茄子用赤茄、托鲁巴姆、耐病VF、刺茄（CRP）等野生茄或其杂交种作砧木，抗黄萎病。番茄用BF-兴津101、LS-89、耐病新交1号、斯库拉姆、安克特等野生番茄或其杂交种作砧木，抗枯萎病等。

表4-3　瓜类蔬菜嫁接砧木

砧木种类	适宜接穗种类	砧木特性	砧木品种
黑子南瓜	黄瓜、冬瓜、西葫芦、苦瓜	高抗枯萎病和疫病，耐低温，根系发达等	云南黑子南瓜、南美黑子南瓜、阳曲黑子南瓜
南瓜	黄瓜	抗枯萎病，但研究不够深入	西安墩子南瓜、河南安阳南瓜、磨盘南瓜、枕头瓜、青岛拉瓜和宝鸡牛腿瓜；日本白菊、白菊座和patrol等
	西瓜	抗枯萎病，但研究不够深入	日本白菊座、金刚、变形和Hadron等品种
笋瓜	黄瓜	抗枯萎病，与黄瓜亲和力好，接口愈合快	南砧1号、牡丹江南瓜、吉林和山东吊瓜、玉瓜等
西葫芦	黄瓜、厚皮甜瓜、西瓜	抗枯萎病	变种金丝瓜
南瓜种间杂种	黄瓜	抗枯萎病，耐低温和高温	新土佐1号、改良新土佐1号、强力新土佐、刚力等，一辉、一辉1号和辉虎等

（续表）

砧木种类	适宜接穗种类	砧木特性	砧木品种
	西瓜	抗枯萎病，耐低温和高温	新土佐、早生新土佐和亲善等
	厚皮甜瓜	抗枯萎病，耐低温和高温	强力新土佐2号、改良新土佐1号和刚力等
瓠瓜	西瓜	耐低温，耐旱，生长旺盛，产量高，品质好，与西瓜的亲和性好，但除"协力"品种外，抗病性较差	大葫芦（瓢用葫芦）、长瓠瓜（瓠子）。品种主要有超丰F₁、西砧1号、瓠砧1号、协力
冬瓜	西瓜	亲和性好，耐旱，耐高温，抗急性萎凋症，结果稳定、整齐，但对温度要求较高，不适合早熟栽培	早生大圆等
饲用西瓜	西瓜	植株生长旺盛，茎粗有棱，适应性强，亲和性好	强刚、健康、大统领（大总统）和鬼台等
厚皮甜瓜	甜瓜	抗性强，但厚皮甜瓜不同品种间亲和性的选择性很强，必须经过试验方可确定	日本的大井、园研1号、磐石、健脚、金刚、强荣和新龙等
丝瓜	苦瓜	亲和性好，根系生长强壮、耐涝，且不发生枯萎病	双依、其他农家品种

表4-4 茄果类蔬菜嫁接砧木

砧木种类	适宜接穗种类	砧木特性	砧木品种
赤茄	茄子	对黄萎病抗性极强；对5-氯硝基苯极为敏感	日本黑铁1号、意大利幸福光辉道路
雀茄	茄子	抗青枯病、黄萎病、疫病和线虫，但幼时生长势弱，不耐高温干旱，低温期生育迟缓	托鲁巴姆、多列路
CRP	茄子	与托鲁巴姆相比，抗病性相当，耐涝性强，茎较细，茎上的刺较多，节间长。种子的休眠性不强，易发芽，但比赤茄慢。幼苗初期生长缓慢	

（续表）

砧木种类	适宜接穗种类	砧木特性	砧木品种
球形赤茄	茄子	抗病性优于赤茄，但嫁接苗的植株长势弱，产量也低	
金银茄	茄子	抗青枯病，整个植株生有尖刺	
角茄	茄子	叶正背两面均生有毛茸和针刺，高抗枯萎病，中抗黄萎病，较抗青枯病	
耐病 VF	茄子	对黄萎病和枯萎病有较强的抗性，不抗青枯病	
兴津 1 号、2 号	茄子	抗青枯病强，亲和性好，不耐低温，不适于低温季节使用	
扶助者 1 号	茄子	抗枯萎病，较耐黄萎病，不易发生缺乏微量元素的生理病害	
Assist	茄子	高抗枯萎病，对青枯病许多生理小种有稳定抗性，不抗黄萎病和线虫	
适合延迟栽培种类	番茄	高抗枯萎病（生理小种 1）和青枯病，不抗其他病害	BF-兴津 101 号、LS-89
		高抗枯萎病（生理小种 1、2）、青枯病、黄萎病、根结线虫病，抗 TMV	PFNT 2 号、安克特
适合冬茬和冬春茬栽培种类	番茄	高抗枯萎病、黄萎病、褐色根腐病、根结线虫病，但不抗青枯病。耐病新交 1 号，抗 TMV	耐病新交 1 号、斯库拉姆、斯库拉姆 2 号、KNVT-R
		高抗枯萎病、黄萎病、青枯病、根结线虫病，抗 TMV，不抗褐色根腐病	Couple-O 和 Couple-T
		抗枯萎病、黄萎病、青枯病、根结线虫病、TMV、褐色根腐病	影武者
青椒砧木	青椒	抗疫病能力强	LS-279 和 PFR-S64

二、砧木和接穗的培育

嫁接育苗因接穗在嫁接愈合期生长较慢，所以播种期一般应比自根苗提前 5~8d。砧木和接穗的具体播期因接穗和砧木种子萌发及幼苗生长速度、嫁接方法等不同而异。砧木和接穗的种子均可浸种、催芽后播种。接穗一般撒播于疏松的培养土中；砧木可以撒播或点播于育苗钵中，具体因嫁接方法而选择。嫁接时对接穗和砧木苗大小的要求，也因蔬菜种类和嫁接方法的不同而不同。如瓜类接穗一般培养至子叶展平，而砧木苗则视嫁接方式培养至子叶展平或第 1 片真叶时为宜；茄子接穗苗 3~4 片真叶，砧木苗 5~6 片真叶为宜（表 4-5）。

表 4-5 几种主要果菜砧木播种期

砧木种类	接穗种类	嫁接方法	砧木较接穗播种期提前或延后天数
黑子南瓜	黄瓜	靠接、劈接 插接	晚播 3~4d 早播 2~3d
瓠瓜	西瓜	插接、劈接 靠接	早播 5~6d 晚播 4~6d
南瓜	西瓜	插接 靠接	早播 3~4d 晚播 3~4d
	厚皮甜瓜	插接、劈接 靠接	早播 2~4d 晚播 8~10d
甜瓜砧 （共砧）	厚皮甜瓜	插接、劈接 靠接	早播 5~7d 同时播种
托鲁巴姆	茄子	劈接、斜切接	早播 25~30d
CRP	茄子	劈接、斜切接	早播 20~25d
赤茄	茄子	劈接、斜切接	早播 7d
耐病 VF	茄子	劈接、斜切接 靠接	早播 3d 同时播种
番茄砧木	番茄	劈接、斜切接	早播 3~7d（BF-兴津 101 号早播 5~7d, LS-89 早播 3~5d, 影武者早播 3d)
		插接	早播 7~10d

三、嫁接用具和场所

嫁接用具主要有刀片、竹签、托盘、干净的毛巾、嫁接夹或塑料薄膜细条、手持小型喷雾器和酒精（或 1%高锰酸钾溶液）、机械嫁接需嫁接机等。

四、嫁接方法

蔬菜嫁接的方法较多，有靠接法、劈接法、插接法、斜切接法、智能机嫁接法等。无论采用哪种嫁接方法，均应注意嫁接用具和秧苗要保持洁净。秧苗要小心取放，削好的接穗不要放置太长时间，以免萎蔫。嫁接动作要稳、准、快，避免重复下刀影响嫁接。

（一）靠接法

主要用于瓜类嫁接，因接穗与砧木以舌形套接，故又称为舌靠接。嫁接时，分别拔出砧木苗和接穗苗，在操作台上嫁接。先切除砧木的真叶及生长点，在子叶节下 0.5~1cm 处用刀片自上向下斜切约 1cm 长的切口，深度达胚轴直径的 1/2。然后在接穗子叶节下 1.5~2.0cm 的胚轴上自下向上斜切一刀，深度达胚轴直径的 2/3，切口长度与砧木相仿。最后将接穗和砧木的切口相互嵌合接好，使接穗的子叶位于砧木子叶上面，用嫁接夹固定。嫁接后将砧木和接穗同时栽入育苗钵中，并使砧木的根系居中，接穗的根系置于营养土表面浅覆盖，并与砧木根系保持一定距离，以便后期断根。靠接后 10d 左右，当伤口愈合、嫁接成活后，在接口下切断接穗的根系。此种嫁接方法虽然操作较麻烦，但成活率较高。

（二）劈接法

也是主要用于瓜类嫁接。嫁接时，先将砧木的真叶和生长点去除，然后用刀片在砧木顶端 2 片子叶中间并靠一侧向下斜切一刀，切口深约 1cm；拔出接穗苗，从子叶节下 1~2.5cm 处向下斜切胚轴，刀口长 0.8~1cm，使成双面楔形。然后将削好的接穗迅速插入砧木的切口内，使接穗与砧木的一边对齐。并及时用嫁接夹或塑料薄膜固定。嫁接后接穗的子叶在砧木的子叶之上，两者相互交叉呈十字形。此法操作容易，成活率较高。

（三）插接法

也是多用于瓜类嫁接。嫁接时，先切除砧木的真叶及生长点，然后用与接穗下胚轴粗相当的竹签，在砧木顶端由一侧子叶基部的下胚轴向另一侧子叶的下方斜插至表皮处，插孔长约 0.6cm。然后将接穗苗在子叶节下约 0.5cm 处，用刀片斜切下胚轴成两段，削成楔形，切口长约 0.6cm。削切好接穗后，立即拔出砧木上的竹签，将接穗插入插孔，并使接穗的 2 片子叶与砧木的 2 片子叶呈十字形。此法操作简便，且不需固定，操作效率高，但有时成活率较低。

（四）斜切接法

多用于茄果类嫁接，又称贴接法。当砧木苗长到 5~6 片真叶时，保留基部 2 片真叶，从第 2 片真叶上方的节间斜切，去掉顶端，形成30°左右的斜面，斜面长 1.0~1.5cm。再拔出接穗苗，保留上部 2~3 片真叶和生长点，从第 2 或第 3 片真叶下部斜切 1 刀，去掉下端，形成与砧木斜面大小相等的斜面。然后将砧木的斜面与接穗的斜面贴合在一起，用嫁接夹固定。

（五）智能机嫁接法

1. 套管式嫁接法

此法不仅可以提高嫁接苗的成活率，而且可以降低嫁接苗生产成本。套管式嫁接采用良好扩张弹性的橡胶或塑料软管作为嫁接接合材料，嫁接苗伤口保湿性好。其具体做法是，将砧木的下胚轴斜着切断，在砧木切断处套上专用嫁接支持套管；将接穗的下胚轴对应斜切，把接穗插入支持套管，使砧木与接穗贴合在一起。砧木和接穗的切断角应尽量成锐角（相对于垂直面25°），向砧木上套支持管时，应使套管上端的倾斜面与砧木的切断面方向一致，向支持套管内插入接穗时，也要使接穗切断面与支持套管的倾斜面相一致，在不折断、损伤接穗的前提下，尽量用力向下插接穗，使砧木与接穗的切断面很好地压附在一起。

2. 单子叶切除式嫁接

为了提高瓜类幼苗的嫁接成活率。人们还设计出砧木单子叶切除式嫁接法。即将南瓜砧木的子叶保留一片，将另一片和生长点一起斜切掉，再与在胚轴处斜切的黄瓜接穗相接合的嫁接方法。南瓜子叶和生长点位量非常一致，所以把子叶基部支起就能确保把生长点和一片子叶切断。砧、穗的固定采用嫁接夹比较牢固，亦可用瞬间融合剂（专用）涂于砧木与接穗接合部位周围。此法适于机械化作业，亦可用手工操作。日本井阂农机株式会社制造出砧木单子叶切除智能嫁接机，由三人同时作业，每小时可嫁接幼苗 550~800 株，比手工嫁接提高工效 8~10 倍。

3. 平面嫁接

平面智能机嫁接法是由日本小松株式会计研制成功的全自动式智能嫁接机完成的嫁接方法，本嫁接机要求砧木、接穗的穴盘均为 128 穴；嫁接机的作业过程，首先，有一台砧木预切机，将用穴盘培育的砧木在穴盘行进中从子叶以下把上部茎叶切除，然后，将切除了砧木上部的穴盘与接穗的穴盘同时放在全自动式智能嫁接机的传送带上，嫁接的作业由机械自动完成。砧木穴盘与接稳穴盘在嫁接机的传送带上同速行至作业处停住，一侧伸出机器手把砧木穴盘中的一行砧木夹住，同时，切刀在贴近机器手面处重新切一次，使其露出新的切口；紧接着另一侧的机器手把接穗穴盘中的一行接穗夹住从下面切下，并迅速移至砧木之上将两切口平面对接，然后从喷头喷出的融合剂将接口包位，再喷上一层硬化剂把砧木、接稳固定。

此法完全是智能机械化作业，嫁接效率高，每小时可嫁接1 000株；驯化管理方便，成活率及幼苗质量高；由于是对接固定，砧木、接穗的胚轴或茎粗度稍有差异不会影响其成活率；砧木在穴盘中无需取出，便于移动运送。平面智能机嫁接法适于子叶展开的黄瓜、西瓜和1~2片真叶的番茄、茄子。

五、嫁接苗管理

嫁接后愈合期的管理直接影响嫁接苗成活率，应加强保温、保湿、遮光等管理。一般嫁接后的前4~5d，苗床内应保持较高温度，瓜类蔬菜白天25~30℃，夜间18~22℃；茄果类白天25~26℃，夜间20~22℃。空气相对湿度应保持在95%以上，密闭不通风。嫁接后1~2d应遮光防晒，2~3d后逐渐见光，4~5d全部去掉遮阴物。5d后可逐渐降温2~3℃，8~9d后接穗已明显生长时，可开始通风、降温、降湿，10~12d除去固定物，进入苗床的正常管理。靠接的还要在嫁接后10d左右进行接穗的断根处理。育苗期间及定植前，应随时抹去砧木侧芽，以免争夺养分，影响接穗生长，但不要损伤子叶。

六、扦插育苗

扦插育苗是利用蔬菜部分营养器官如侧枝、叶片等，经过适当的处理，在一定条件下促使发根、成苗的一种无性繁殖方法，多用于特殊需要的科研和生产中，如番茄侧枝扦插快速成苗，大白菜、甘蓝腋芽扦插繁种等。而紫背天葵扦插育苗技术则是广泛应用于生产上。其突出优点是能够保持种性，显著缩短育苗期，方法简便，易于掌握，且有利于多层立体育苗的实现。但由于育苗量受无性繁殖器官来源的限制，且发根条件较为严格，一般只适合小批量育苗。扦插育苗法的技术关键在于促进发根，管理原则是在发根期间保持适宜的温度、较高的空气湿度和较弱的光照。还可用生长素（如萘乙酸500mg/L或吲哚乙酸1 000mg/L）或生根剂处理，促进生根。可以用床土、蛭石、珍珠岩、炉渣、沙等进行扦插育苗，也可水培或雾培。在扦插后 3~5d 的发根期，一般不需供给营养，但需较高的温度和空气湿度，如光照过强应适当遮阴。发根后秧苗的培育与一般育苗相同。

第五节　工厂化育苗

一、特点

（一）育苗设施和设备现代化

应用先进的育苗设施、设备能够创造和调控蔬菜育苗所要求的优化生态环境，保证秧苗生产的稳定及秧苗的质量与规格。工厂化育苗一般都在现代化温室内进行，配备有良好的保温、加温、降温、采光、补光、遮光、喷水（雾）、降湿等环境调控和智能化管理系统，并有基质混拌和装填、精量播种、自动供液和施肥等系统。

（二）育苗技术和工艺标准化

工厂化育苗的主要特征之一是育苗技术和工艺的标准化，它是成批生产符合规格的蔬菜商品苗的保障。标准的工艺流程和标准的技术措施，是建立在蔬菜秧苗生长发育规律及育苗者对秧苗生产规格要求的基础之上，并与环境调控系统紧密结合。

（三）育苗手段机械化和自动化

工厂化育苗的主要或全部环节实行机械化或自动化操作，并向自动化作业方向发展，可节省劳力、育苗用种量及其他生产资料，作业及时，保证高效育苗。

（四）秧苗产品规格化

采用标准化育苗技术和工艺，按计划时间及秧苗规格成批生产秧苗，不同批次的同一秧苗产品可保证稳定的相同规格。这是工厂化育苗占有市场的重要保障。

（五）生产管理科学化

工厂化育苗是较大规模的专业化育苗，必须由现代企业经营，按照科学化的管理方式组织生产和市场营销。这是工厂化育苗获得高效益的重要保障。

二、场地

工厂化育苗的场地由播种车间、催芽室、育苗温室和包装车间及附属用房等组成。

（一）播种车间

播种车间占地面积视育苗数量和播种机的体积而定，一般面积为$100m^2$，主要放置精量播种流水线和一部分的基质、肥料、育苗车、育苗盘等，播种车间要求有足够的空间，便于播种操作，使操作人员和育苗车的出入快速顺畅，不发生拥堵。同时要求车间内的水、电、暖设备完备，不出故障。

（二）催芽室

催芽室设有加热、增湿和空气交换等自动控制和显示系统，室内温度在20~35℃范围内可以调节，相对湿度能保持在85%~90%范围内，催芽室内外、上下温、湿度在误差允许范围内相对均匀一致。

（三）育苗温室

大规模的工厂化育苗企业要求建设现代化的连栋温室作为育苗

温室。温室要求南北走向、透明屋面东西朝向、保证光照均匀。

三、主要设备

工厂化育苗的主要设备包括育苗容器、精量播种设备、环境自控设备、运苗车、育苗床架等。

（一）育苗容器

工厂化育苗一般都采用容器育苗。容器主要为塑料穴盘、塑料钵。塑料穴盘的外形和孔穴大小采用国际统一标准，穴盘宽27.9cm，长54.4cm，高3.5~5.5cm；每盘孔穴数有50个、72个、98个、128个、200个、288个、392个、512个等多种规格；根据穴盘自身重量，有130g轻型盘、170g普通盘和200g以上的重型盘。由于穴盘的穴孔上大下小，形似塞子，故用穴盘育的蔬菜苗常称为"塞子苗"。塑料钵多为上大下小的圆形钵，有多种规格，可依蔬菜种类和成苗大小选用。

（二）精量播种设备和生产流水线

精量播种设备是工厂化育苗的核心设备，包括基质的混拌、装填、刮平、打洞、精量播种、覆盖、喷淋全过程的生产流水线。精量播种技术的应用可节省劳力、降低成本、提高效益。

（三）育苗环境自动控制系统

育苗环境自动控制系统主要指育苗过程中的温度、湿度、光照等的环境控制系统。我国多数地区蔬菜的育苗是在冬季和早春低温季节（平均温度5℃、极端低温-5℃以下）或夏季高温季节（平均温度30℃、极端高温35℃以上），外界环境不适于蔬菜幼苗的生长，温室内的环境必然受到影响。蔬菜幼苗对环境条件敏感，要求严格所以必须通过仪器设备进行调节控制，使之满足对对光、温及湿度（水分）的要求，才能育出优质壮苗。

1. 加温系统

育苗温室内的温度控制要求冬季白天温度晴天达25℃，阴雪天达到20℃，夜间温度能保持14~16℃，以配备若干台15万kJ/h燃油热风炉为宜，水暖加温往往不利于出苗前后的温度升温控制。育苗床架内埋设电加热线可以保证秧苗根部温度在10~30℃范围内任意调控，以便满足在同一温室内培育不同蔬菜秧苗的需要。

2. 保温系统

温室内设置遮阴保温帘，四周有侧卷帘，入冬前四周加装薄膜保温。

3. 降温排湿系统

育苗温室上部可设置外遮阳网，在夏季有效阻挡部分直射光的照射，在基本满足秧苗光合作用的前提下，通过遮光降低温室内的温度。温室一侧配置大功率排风扇，高温季节育苗时可显著降低温室内的温度、湿度。通过温室的天窗和侧墙的开启或关闭，也能实现对温度、湿度的有效调节。在夏季高温干燥地区，还可通过湿帘风机设备降温加湿。

4. 补光系统

苗床上部配置光通量1.6万lx、光谱波长550~600nm的高压钠灯，在自然光照不足时，开启补光系统可增加光照强度，满足各种蔬菜幼苗健壮生长的要求。

5. 控制系统

工厂化育苗的控制系统对环境的温度、光照、空气湿度和水分、营养液灌溉实行有效的监控和调节。由传感器、计算机、电源、监视和控制软件等组成，对加温、保温、降温排湿、补光和微灌系统实施准确而有效的控制。

（四）灌溉和营养液补充设备

种苗工厂化生产必须有高精度的喷灌设备，要求供水量和喷淋时间可以调节，并能兼顾营养液的补充和喷施农药；对于灌溉控制系统，最理想的是能根据水分张力或基质含水量、温度变化控制调节灌水时间和灌水量。应根据种苗的生长速度、生长量、叶片大小以及环境的温度、湿度状况决定育苗过程中的灌溉时间和灌溉量。苗床上部设行走式喷灌系统，保证穴盘每个穴孔浇入的水分（含养分）均匀。

（五）运苗车与育苗床架

运苗车包括穴盘转移车和成苗转移车。穴盘转移车将播完种的穴盘运往催芽室，车的高度及宽度应根据穴盘的尺寸、催芽室的空间和育苗的数量来确定。成苗转移车采用多层结构，根据商品苗的高度确定放置架的高度，车体可设计成分体组合式，以利于不同种类蔬菜种苗的搬运和装卸。

育苗床架可选用固定床架和育苗框组合结构或移动式育苗床架。应根据温室的宽度和长度设计育苗床架，育苗床上铺设电热加温线、珍珠岩填料和无纺布，以保证育苗时根部的温度，每行育苗床的电热加温由独立的组合式控温仪控制；移动式苗床设计只需留一条走道，通过苗床的滚轴任意移动苗床，可扩大苗床的面积，使育苗温室的空间利用率由60%提高到80%以上。育苗车间育苗架的设置以经济有效地利用空间，提高单位面积的种苗产出率，便于机械化操作为目标，选材以坚固、耐用、低耗为原则。

四、工艺流程

工厂化育苗的生产工艺流程分为准备、播种、催芽、育苗、出室等5个阶段。

五、管理技术

（一）育苗基质的基本要求

工厂化育苗的基本基质材料有珍珠岩、草炭（泥炭）、蛭石等。

国际上常用草炭和蛭石各半的混合基质育苗，我国一些地区就地取材，选用轻型基质与部分园田土混合，再加适量的复合肥配制成育苗基质。但机械化自动化育苗的基质不能加田园土。

穴盘育苗对基质的总体要求是尽可能使幼苗在水分、氧气、温度和养分供应得到满足。影响基质理化性状主要有：基质的 pH 值、基质的阳离子交换量与缓冲性能、基质的总孔隙度等。有机基质的分解程度直接关系到基质的容重、总孔隙度以及吸附性与缓冲性，分解程度越高，容重越大，总孔隙度越小，一般以中等分解程度的基质为好。不同基质的 pH 值各不相同，泥炭的 pH 值为 4.0~6.6，蛭石的 pH 值为 7.7，珍珠岩的 pH 值为 7.0 左右，多数蔬菜幼苗要求的 pH 值为微酸至中性。阳离子交换量是物质的有机与无机胶体所吸附的可交换的阳离子总量，高位泥炭的阳离子交换量为 1 400~1 600mmol/kg，浅位泥炭为 700~800mmol/kg，腐殖质为 1 500~5 000mmol/kg，蛭石为 1 000~1 500mmol/kg，珍珠岩为 15mmol/kg，沙为 10~50mmol/kg。有机质含量越高，其阳离子交换量越大，基质的缓冲能力就越强，保水与保肥性能亦越强。较好的基质要求有较高的阳离子交换量和较强的缓冲性能。孔隙度适中是基质水、气协调的前提，孔隙度与大小孔隙比例是控制水分的基础。风干基质的总孔隙度以 84%~95% 为好，茄果类育苗比叶菜类育苗略高。另外，基质的导热性、水分蒸发蒸腾总量与辐射能等均对种苗的质量产生较大的影响。

基质的营养特性也非常重要，如对基质中的氮、磷、钾的含量和比例，养分元素的供应水平与强度水平等都有一定的要求。工厂化育苗基质选材的原则是：尽量选择当地资源丰富、价格低廉的物料；育苗基质不带病菌、虫卵，不含有毒物质；基质随幼苗植入生产田后不污染环境与食物链；能起到土壤的基本功能与效果；有机物与无机材料复合基质为好；比重小，便于运输。

（二）育苗基质的合成与配制

配制育苗基质的基础物料有草炭、蛭石、珍珠岩等。草炭被国内外认为是基质育苗最好的基质材料，我国吉林、黑龙江等地的低位泥炭贮量丰富，具有很高的开发价值，有机质含量高达 37%，水解氮 270~290mg/kg，pH 值 5.0，总孔隙度大于 80%，阳离子交换量 700mmol/kg，这些指标都达到或超过国外同类产品的质量指标。蛭石是次生云母矿石在 76℃ 以上的高温下膨化制成，具有比重轻、透气性好、保水性强等特点，总孔隙度为 133.5%，pH 值为 6.5，速效钾含量达 501.6mg/kg。

经特殊发酵处理后的有机物如芦苇渣、麦秆、稻草、食用菌生产下脚料等可以与珍珠岩、草炭等按体积比混合（1：2：1 或 1：1：1）制成育苗基质。育苗基质的消毒处理十分重要，可以用嗅甲烷处理、蒸汽消毒或加多菌灵处理等，多菌灵处理成本低，应用较普遍，每 1.5~2.0m³ 基质加 50% 多菌灵粉剂 500g 拌匀消毒。在育苗基质中加入适量的生物活性肥料，有促进秧苗生长的良好效果。对于不同的蔬菜种类，应根据种子的养分含量、种苗的生长时间，配制时加入。

（三）营养液配方与管理

1. 营养液的配方

蔬菜无土育苗的营养液配方各地介绍很多，一般在育苗过程中，营养液配方以大量元素为主，微量元素由育苗基质提供。使用时注意浓度和调节 EC 值（营养液电导率）、pH 值。

2. 营养液的管理

蔬菜工厂化育苗的营养液管理包括营养液的浓度、EC 值、pH 值以及供液的时间、次数等。在一般情况下，育苗期的营养液浓度相当于成株期浓度的 50%~70%，EC 值在 0.8~1.3ms/cm，配制时应注意当地的水质条件、温度以及幼苗的大小。灌溉水的 EC 值过高会影响离子的溶解度；温度较高时降低营养液浓度，较低时可考虑营养液浓度的上限；子叶期和真叶发生期以浇水为主或取营养液浓度的低限，随着幼苗的生长逐渐增加营养液的浓度；营养液的pH 值随蔬菜种类不同而稍有变化，苗期的适应范围在 5.5~7.0 间，适宜值为 6.0~6.5。营养液的使用时间及次数决定于基质的理化性质、天气状况以及幼苗的生长状态，原则上掌握晴天多用，阴雨天少用或不用；气温高多用，气温低少用；大苗多用，小苗少用。工厂化育苗的肥水运筹和自动化控制，应建立在环境（光照、温度、湿度等）与幼苗生长的相关模型的基础上。

3. 催芽室管理

播种后将穴盘运入催芽室进行催芽，保持适宜的温度和湿度。催芽室的空气湿度要保持在 90% 以上。当 50% 以上种子出芽后，及时转入育苗温室见光培育。

4. 苗期管理

（1）温度控制　适宜的温度、充足的水分和氧气是种子萌发的三要素。不同园艺作物种类以及作物不同的生长阶段对温度有不同的要求。一些主要蔬菜的催芽温度和催芽时间见表 4-6；催芽室的空气湿度要保持在 90% 以上。蔬菜幼苗生长期间的温度应控制在适合的范围内。

表 4-6　部分蔬菜催芽室温度和时间

蔬菜种类	催芽室温度（℃）	时间（d）
茄子	28~30	5
辣椒	28~30	4
番茄	25~28	4
黄瓜	28~30	2
甜瓜	28~30	2
西瓜	28~30	2
生菜	20~22	3
甘蓝	22~25	2

（续表）

蔬菜种类	催芽室温度（℃）	时间（d）
花椰菜	20~22	2
芹菜	15~20	7~10

（2）穴盘位置调整 在育苗过程中，由于微喷系统各喷头之间出水量的微小差异，使育苗时间较长的秧苗，产生带状生长不均衡，观察发现后应及时调整穴盘位置，促使幼苗生长均匀。

（3）边际补充灌溉 各苗床的四周边际与中间相比，水分蒸发速度比较快，尤其在晴天高温情况下蒸发量要大一倍左右，因此在每次灌溉完毕，都应对苗床四周10~15cm处的秧苗进行补充灌溉。

（4）苗期病害防治 瓜果蔬菜育苗过程中都有一个子叶内的贮存营养大部分消耗、而新根尚未发育完全、吸收能力很弱的断乳期，此时幼苗的自养能力较弱，抵抗力低，易感染各种病害。蔬菜幼苗期易感染的病害主要有猝倒病、立枯病、灰霉病、病毒病、霜霉病、灰霉病、菌核病、疫病等，以及由于环境因素引起的生理性病害有寒害、冻害、热害、烧苗、旱害、涝害、盐害、沤根、有害气体毒害、药害等。对于以上各种病理性和生理性的病害要以预防为主，做好综合防治工作，即提高幼苗素质，控制育苗环境，及时调整并杜绝各种传染途径，做好穴盘、器具、基质、种子以及进出人员和温室环境的消毒工作，再辅以经常检查，尽早发现病害症状，及时进行适当的化学药剂防治。育苗期间常用的化学农药有75%的百菌清粉剂600~800倍液，可防治猝倒病、立枯病、霜霉病、白粉病等；50%的多菌灵800倍液可防治猝倒病、立枯病、炭疽病、灰霉病等；64%杀毒矾MS 600~800倍液，25%的瑞毒霉1 000~1 200倍液，70%的甲基托布津1 000倍液和72%的普力克400~600倍液等对蔬菜瓜果的苗期病害防治都有较好的效果。化学防治过程中注意秧苗的大小和天气的变化，小苗用较低的浓度，大苗用较高的浓度；一次用药后如连续晴天可以间隔10d左右再用一次，如连续阴雨天则间隔 5~7d 再用一次；用药时必须将药液直接喷洒到发病部位；为降低育苗温室空间及基质湿度，打药时间以上午为宜。对于猝倒病等发生于幼苗基部的病害，如基质及空气湿度大，则可用药土覆盖方法防治，即用基质配成 400~500 倍多菌灵毒土撒于发病中心周围幼苗基部，同时拔除病苗，清除出育苗温室，集中处理。对于环境因素引起的病害，应加强温、湿、光、水、肥的管理，严格检查，以防为主，保证各项管理措施到位。

（5）定植前炼苗　秧苗在移出育苗温室前必须进行炼苗，以适应定植地点的环境。如果幼苗定植在有加热设施的温室中，只需保持运输过程中的环境温度；幼苗若定植在没有加热设施的塑料大棚内，应提前 3~5d 降温、通风、炼苗；定植于露地无保护设施的秧苗，必须严格做好炼苗工作，定植前 7~10d 逐渐降温，使温室内的温度逐渐与露地相近，防止幼苗定植时因不适应环境而发生冷害，另外，另外，幼苗移出育苗温室前 2~3d，应施一次肥水，并进行杀菌、杀虫剂的喷洒，做到带肥、带药出室。

第六节　定植

一、土壤和秧苗准备

（一）整地做畦

蔬菜地宜及早做好整地、施基肥和做畦的准备工作。早春或秋冬定植时应覆盖地膜，有保温保湿，防止土壤板结，促进缓苗的作用。

（二）秧苗准备

选用适龄幼苗定植是生产上缩短缓苗期的基本措施。叶菜类 4

~6 片真叶（团棵期）为定植适期；瓜菜类以 4~5 片真叶为宜；豆类在具有两片对称子叶时为定植适期；茄果类蔬菜宜带花蕾移栽。定植前 5~8d 要进行秧苗锻炼、蹲苗（控制浇水），提高秧苗移栽后对环境的适应能力；定植前一天，苗床浇透水，并喷杀菌剂和杀虫菌，以利第二天起苗时不伤根，做到带药移栽。起苗时要轻拔，不要捏伤秧苗，并随时剔除病苗、弱苗及杂草等。运苗时要轻拿轻放，尽量带土移栽。

二、定植时期

蔬菜定植时期应考虑当地气候条件、蔬菜种类、产品上市时间和栽培方式。

露地栽培多考虑气候与土壤条件。一般定植耐寒性和半耐寒性蔬菜时，10cm 土层温度应稳定在 5~10℃，在长江流域及以南地区，多进行秋季栽培，以幼苗越冬，应在初霜来之前定植；定植喜温蔬菜时，10cm 土层温度应稳定在 10~15℃，多数喜温蔬菜都不能经受霜冻的为害，因此应在晚霜后定植。合适的定植时间对秧苗成活和缓苗有重要影响。早春定植应选雨后初晴的上午进行，最好定植后有 2~3 个晴天；在高温干旱的夏秋季节定植，应在傍晚或阴天进行，避免烈日高温的影响。

设施栽培定植时期主要根据产品上市时间、秧苗大小、土地情况及设施保温性能而定，错开露地蔬菜上市高峰期。

三、定植密度

合理的定植密度是蔬菜增产的重要技术环节，其根本目的在于创造一个合理的群体结构，以充分利用光能和地力，从而提高单位面积产量。合理定植密度应根据具体情况，因地、因时、因种确定密植程度，以发挥合理密植的增产作用。

（一） 栽培方式和品种不同而有差异

爬地生长的蔓生蔬菜定植密度宜小，直立生长或搭架栽培的蔬菜密度可适当增大；分枝力强的蔬菜定植密度小，而分枝力弱的蔬菜定植密度宜大。

（二） 栽培茬次不同，定植密度也有差异

早熟品种或栽培条件不良时密度宜大，晚熟品种或栽培条件适宜时密度宜小。例如，春番茄、早熟栽培的每 $667m^2$ 可达 5 000 株，搭架或吊蔓晚熟栽培的每 $667m^2$ 约为 3 000 株。

（三） 土壤肥力也是要考虑的因素

土壤肥力高，灌溉条件好的地块宜密植，肥力差缺水的地块则应稀植。

（四） 蔬菜种类

多数叶菜类适当密植可促使食用器官软化，有利于品质的提高；萝卜、胡萝卜稀植易产生歧根，故应适当密植；而果菜类应适当稀植，否则影响光照，维生素含量少，降低风味品质。

四、定植方法

蔬菜定植方法有明水定植和暗水定植两种方法。

（一） 明水定植法

先按株行距挖穴或沟栽苗，栽苗后再浇定根水。此法浇水量大，土壤降温明显，适合高温季节定植。

（二） 暗水法定植法

可分为水稳苗法和坐水法。

1. 水稳苗法

按株行距挖穴或沟栽苗，栽苗后先覆少量细土并适当压紧，浇水，待水全部渗下后再覆干细土。此法既保证了土壤湿度，又保持较高的地温，有利于根系的生长，适合冬春定植，尤其适合容器苗的定植。

2. 坐水法

按株行距挖穴或沟后浇足水，将幼苗土坨或根置于水中，水渗下后再覆土。此法定植速度快，而且土壤的透气性好，缓苗快，成活率高。

五、定植深度

蔬菜定植深度首先取决于蔬菜植物的生物学特性。例如，番茄因易生不定根，适当深栽可促发不定根，增加根系数量。茄子系深根性作物，且根系数量相对较少，为增强其支持能力，也宜深栽。黄瓜为浅根作物，需水量大，为便于根系吸收水分、养分，宜浅栽。

不同季节栽苗深度也有所变化。早春定植一般要浅一些，因早春温度低，栽深了不易发根。夏季定植可以深一些。因为这时一方面不怕地温低、栽深了反而可以适当减轻夏秋季地温过高的危害，另一方面又能增强晚秋根系抗低温的能力。同理，春季定植的恋秋蔬菜，也要略深于早熟蔬菜。

不同土壤条件下栽苗深度也不同。地势低洼，地下水位高的地方宜浅栽，这类地块土温偏低，栽深了在早春易烂根。土质过于疏松，地下水位偏低的地方，则应适当深栽，以利保墒。

一般栽植深度以子叶下为宜，定植时要求做到带土移栽，少伤根。栽营养土块秧苗时，营养土块应低于地平面，以免浇水后土块露出地面或散碎变干，影响秧苗的正常生长。

第七节　田间管理

一、施肥

1. 合理施肥的依据

施肥原理有不同的学说，主要包括矿质营养学说、养分归还学说、最小养分律、同等重要律、不可代替律、肥料效应报酬递减律和因子综合作用律等。蔬菜的需肥和吸肥特性受土壤类型和理化性质、肥料的特性、气候条件、栽培条件和农业措施等影响。

2. 追肥

追肥多数施用的是速效性的化肥和腐熟良好的有机肥（如饼肥、人粪尿等）。追肥量可根据基肥的多少、作物营养特性、生育时期及土壤肥力的高低等确定。追肥方法主要有地下施肥（在蔬菜周围开沟、开穴和打孔，将肥料施入后覆土）、地表撒施（撒施于蔬菜行间并进行灌水）和随水冲施（将肥料先溶解于水，随灌溉施入根区）3 种；近年来还出现了采用微孔释放袋和营养钉、营养棒给土壤追肥的方式。追肥一般结合浇水进行，且化肥每 $667m^2$ 一次性施入量小于 25kg。

此外，还包括根外追肥，将化学肥料配成一定浓度的溶液，喷施于叶片上。具有操作简便、用肥经济、作物吸收快、可结合植保等特点。用于根外追肥的肥料主要有尿素、磷酸二氢钾以及所有可溶性肥料。根外追肥的浓度因肥料种类而异，浓度过低肥效不明显，过高易造成叶片烧伤，常见化肥喷施浓度 0.1%~0.5%，其他微肥和稀土元素浓度更低。高温干燥天气喷肥易造成叶片伤害，喷后遇雨又易将肥料冲掉。因此，根外追肥最好在无风的晴天进行，一天中的傍晚和早晨露水刚干时喷肥最好。

二、灌水

1. 合理灌排的依据

（1）根据蔬菜的种类进行灌排 需水量大的蔬菜应多浇水，耐旱性蔬菜浇水要少，南方雨季要注意排水，例如，对白菜、黄瓜等根系浅而叶面积大的种类要经常灌水；对番茄、茄子、豆类等根系深而且叶面积大的种类，应保持畦面"见干见湿"；对速生性叶菜类应保持畦面湿润。

（2）根据蔬菜的生育阶段进行灌排 幼苗出土前不宜浇水，出土后浇水要小，经常保持地面半干半湿。产品器官形成前一段时间，应控水蹲苗，防止旺长。产品器官盛长期，应勤浇水，保持地面湿润。产品收获期，要少浇水或不浇水，以免延迟成熟或裂球裂果、降低产品的耐贮运性。

（3）根据秧苗长相进行灌排 蔬菜长相是体内水分状况的外部表现。叶片的姿态变化、色泽深浅、茎节长短、蜡粉厚薄等都可作为判断蔬菜是否需要浇水的依据。如温室黄瓜龙头簇生，颜色浓绿，说明缺水，应及时灌溉。露地黄瓜叶片早晨下垂，中午萎蔫严重，傍晚不易恢复时，说明缺水，而早上叶片边缘有水珠，卷须粗大而直立，节间变长，则说明水分过多。

（4）根据气候变化进行灌排 低温期尽量不浇水、少浇水，可通过勤中耕来保持土壤水分。必须浇水时，要在冷尾暖头的晴天进行，最好在午前浇完。高温期浇水要勤，加大浇水量，并要在早晨或傍晚浇水，起到降温的作用。越冬蔬菜入冬前要浇封冻水，可防低温和春旱。

（5）根据土壤类型进行灌排 对于保水能力差的沙壤土，应多浇水，勤中耕；对于保水能力强的黏壤土，灌水量及灌水次数要少；盐碱地上可明水大灌，防止返盐；低洼地上，则应小水勤浇，防止积水，注意排水。

（6）结合栽培措施进行灌排 如在定植前浇灌苗床，有利于起苗带土；追肥后灌水，有利于肥料的分解和吸收利用；分苗、定植后浇水，有利于缓苗；间苗、定苗后灌水，可弥缝、稳根；秋菜播种后，地温高不利出苗，应多浇井水，降低地温。

2. 灌溉的主要方式

（1）地面明水灌溉法　地面明水灌溉是生产上最为常见的一种传统的灌溉方式，包括漫灌、畦灌、沟灌、渠道式灌溉等形式，适用于水源充足、土地平整、土层较厚的土壤和地段。其需要很少的设备，成本低，投资小，易实施，但灌水量较大，容易破坏土壤结构，造成土壤板结，而且耗水量较大，近水源部分灌水过多，远水源部分却又灌水不足，所以只适用于平地栽培。为了防止灌水后土壤板结，灌水后要及时中耕松土。

（2）地下暗水灌溉法　地下灌溉是将管道埋入土中或铺于膜下，水分从管道中渗出湿润土壤，供水灌溉，是一种理想的灌溉模式。主要有以下两种形式：①渗灌：利用地下渗水管道系统，将水引入田间，借土壤毛细管作用自下而上湿润土壤。传统渗灌管采用多孔塑料管、金属管或无沙混凝土管。现代渗灌使用新型微孔渗水管，管表面布满了肉眼看不见的无数细孔。渗灌管埋于耕层下。管道的间距为：有压管道在黏土中为 1.5～2.0m，壤土中为 1.2～1.5m，沙土中为 0.8～1.0m；无压管道在黏土中为 0.8～1.2m，壤土中为 0.6～0.8m，沙土中为 0.5m 左右。管道长度为：有压管道 200m 以内，无压管道 50～100m，管道铺设坡度为 0.001。该方法具有利于根系吸水、减少水分散失、不破坏土壤结构、水分分布均匀等优点。但由于管道建设费用高，维修困难，因而目前该方法正逐步被替代。②膜下灌溉：在地膜下开沟或铺设灌溉水管进行浇水。能够使土壤蒸发量减至最低程度，节水效果明显，低温期还可提高地温 1～2℃。

（3）微灌溉法　包括滴灌、微喷灌、涌灌等形式，通过低压管道系统与安装在末级管道上的特制灌水器，将水以较小的流量，均匀、准确地直接输送到作物根部附近的土壤表面或土层中。①滴灌：直接将水分输送到蔬菜植株根系附近土壤表层或深层的自动化与机械化结合的最先进的灌溉方式，具有持续供水、节约用水、不破坏土壤结构、维持土壤水分稳定、省工、省时等优点，适合于各种地势，其土壤湿润模式是植物根系吸收水分的最佳模式。现广泛应用于蔬菜生产中，但其设备投资大，而且为保证滴头不受堵塞，对水质的要求比较严格，滤水装备要精密，耗资很高，从节水灌溉的角度来看，滴灌是一个很有前途的灌溉模式。②微喷灌：又称雾灌，采用低压管道将水流通过雾化，呈雾状喷洒到土壤表面进行局部灌溉。有固定式、半固定式和移动式三种方式。微喷是一种高效、经济的喷灌技术，微喷具有以下优点：第一，雾化程度极佳，覆盖范围大，湿度足，保温、降温能力强，提高产量；第二，造价低廉，一次性投资回收快，且安装容易，快捷；第三，具有防滴设计，省时，省水，省力，可结合自动喷药，根外施肥；第四，使用年限长，且喷头更换容易；第五，对作物无损伤、土壤不板结等优点，增产效果显著。③涌灌：又称小管细流灌，通过安装在毛管上的涌水器或微管形成小股水流，以涌泉方式涌出地面进行灌溉。在蔬菜上应用较少。

三、排水

蔬菜正常生长发育需要不断地供给水分，在缺水的情况下生长发育不良，但土壤水分过多时影响土壤通透性，氧气供应不足又会抑制植物根系的呼吸作用，降低水分、矿物质的吸收功能，严重时可导致烂根、地上部枯萎、落花、落果、落叶，甚至根系或植株死亡，造成绝收等后果。所以菜田排水与灌溉具有同等重要性。

1. 高畦、高垄

即整地时可采用高畦或高垄栽培。

2. 明沟排水

明沟排水是目前我国广泛应用的传统方法，即在地表面挖沟排水，主要排除地表径流。在较大的种植园区可设主排、干排、支排和毛排渠4级，组成网状排水系统，排水效果较好。尤其对不耐涝的蔬菜作物，如番茄、西瓜、黄瓜、菜豆、甜椒等应在雨前疏通好排水系统，做到随降雨随排水。明沟排水工程量大，占地面积大，易塌方堵水，养护维修频繁等不足。

3. 深沟排水或暗管排水

低洼田块土壤深层的多余积水，要进行深沟排水，或暗管排水。暗管排水的效果较好，不占地，不妨碍生产操作，排盐效果好，养护第节轻，但设备成本高，根系和泥沙易进入管道引起管道堵塞，故多用深沟明排。

第八节　植株调整

一、搭架、绑蔓

（一）搭架

搭架必须及时，宜在黄瓜、番茄、菜豆等不能直立生长的蔬菜倒蔓前或初花期进行。

1. 单柱架

在每一植株旁插一架竿，架竿间不连接，架形简单，适用于分枝性弱，植株较小的豆类蔬菜。

2. 人字架

在相对应的两行植株旁相向各斜插一架竿，上端分组捆紧再横向连贯固定，呈"人"字形。此架牢固程度高，承受重量大，较抗风吹，适用于菜豆、豇豆、黄瓜、番茄等植株较大的蔬菜。

3. 圆锥架

用3~4根架竿分别斜插在各植株旁，上端捆紧使架呈三脚或四脚的锥形。这种架形虽然牢固可靠，但易使植株拥挤，影响通风透光。常用于单干整枝的早熟番茄以及菜豆、豇豆、黄瓜等蔬菜。

4. 篱笆架

按栽培行列相向斜插架竿，编成上下交叉的篱笆。适用于分枝性强的豇豆、黄瓜等，支架牢固，便于操作，但费用较高，搭架也费工。

5. 横篱架

沿畦的长边或在畦四周每隔 1~2m 插一架竿，并在 1.3m 高处横向连接而成，茎蔓呈直线按同一方向引蔓。多用于单干整枝的瓜类蔬菜。光照充足，适于密植，但管理较费工。

6. 棚架

在植株旁或畦两侧插对称架竿，并在架竿上扎横杆，再用绳、杆编成网格状，有高、低棚两种，适用于生长期长、枝叶繁茂、瓜体较长的长苦瓜、冬瓜、长丝瓜、佛手瓜等。

(二) 绑蔓

对搭架栽培的蔬菜，需要进行人工引蔓和绑扎，固定在架上。对攀缘性和缠绕性强的豆类蔬菜，通过一次绑蔓或引蔓上架即可；对攀缘性和缠绕性弱的番茄，则需多次绑蔓。瓜类蔬菜长有卷须可攀缘生长，但由于卷须生长消耗养分多，攀缘生长不整齐，所以仍以多次绑蔓为好。绑蔓松紧要适度，不使茎蔓受伤或出现缢痕，也不能使茎蔓在架上随风摇摆磨伤。露地栽培蔬菜应采用"8"字扣绑蔓，使茎蔓不与架竿发生摩擦。绑蔓材料要柔软坚韧，常用麻绳、稻草、塑料绳等。绑蔓时要注意调整植株的长势，如黄瓜绑蔓时若使茎蔓直立上架，有助于其顶端优势的发挥，增强植株长势，若使茎蔓弯曲上升，则可抑制顶端优势，促发侧枝，且有利于叶腋间花的发育。

二、整枝、摘心、打杈

对分枝性强、枝蔓繁茂的蔬菜，为调整植株形态，形成合理株型，提高光合效率，有效调节营养物质分配，促进营养物质积累和果实发育，人为地使每一植株形成最适的果枝数目称为"整枝"。除去顶端生长点，控制茎蔓生长称"摘心"（或闷尖、打顶）。在整枝中，除去多余的侧枝或腋芽称为"打杈"（或抹芽）。

不同蔬菜的生长和结果习性各不相同，整枝的方式和方法也不同。一般主侧蔓均能正常结果的蔬菜（如冬瓜、西瓜、丝瓜、南瓜等），大果型品种应留主蔓去侧蔓，小果型品种则留主蔓并适当选留强壮侧蔓结果；以主蔓结果为主的蔬菜（如早熟黄瓜、西葫芦等），应保护主蔓，去除侧蔓；以侧蔓结果为主的蔬菜（如甜瓜、瓠瓜等），则应及早摘心，促发侧蔓，提早结果。

整枝方式还与栽培目的有关。如西瓜早熟栽培应进行单蔓或双蔓整枝，增加种植密度，而高产栽培则应进行三蔓或四蔓整枝，增加单株的叶面积。

整枝最好在晴天上午露水干后进行，做到晴天整、阴天不整、上午整、下午不整，以利整枝后伤口愈合，防止感染病害。整枝时要避免植株过多受伤，遇病株可暂时不整，防止病害传播。

摘心和打杈多用手摘除，在枝杈较大时，可用剪刀剪除。生产中打杈一般都将侧芽从茎部彻底摘除，摘心则需要在最顶端的果实上部留2~3叶摘除顶芽。摘心的时期依据蔬菜种类不同而异，也与栽培方式、栽培目的有关。打杈的时期一般以侧芽长到约3~5cm时为宜，但生产上由于为管理方便，常常见芽就摘。

三、疏花疏果与保花保果

（一）疏花疏果

疏花疏果是指摘除无用的、无效的、畸形的、有病的花或果实，不同蔬菜疏花疏果的目的和作用不同。大蒜、藕、豆薯等以营养器官为收获物的蔬菜摘除花蕾及果实，有利于地下部分产品器官的膨大。番茄、西瓜等以大型果实为产品的蔬菜去掉畸形的、有病的、多余的花和果，可以促进保留果实的发育。黄瓜提早栽培时，早采收或去掉过多的花果，有利于植株旺健生长和提高果实品质。

摘除花果的时期不同，对植株的影响也不相同。研究表明，去掉黄瓜的花蕾，对植株影响不大，除去刚开放的花，有一定的作用，摘除幼果对促进营养生长作用最明显。

（二）保花保果

蔬菜生产中，常因温度、光照、水分、营养等环境条件的不适，或受自身生长状态的影响及机械损伤，导致开花坐果不良，产生落花落果，所以要采取保花保果的措施。保花保果除从栽培上控制好环境条件外，主要是采用生长调节剂处理。

四、压蔓、落蔓

压蔓是一些匍匐生长的蔓生蔬菜（如南瓜、西瓜、冬瓜）栽培管理的一个重要环节。通过压蔓，可以控制顶端生长，调节生长与结果间的矛盾，利于坐果，提高产量；可以固蔓防风，避免风将蔓吹下导致不结果；可使茎叶聚积更多养分而变粗；可使茎叶均匀分布于田间，充分利用光能，减少病虫害，提高蔬菜品质；压入土中的茎节还可以生成大量不定根，增加吸收面积。

压蔓分为明压和暗压。明压是用土块将蔓直接压于地面上，暗压是开一个与蔓顺向的沟，将蔓平放于沟内，再用土压住。保护设施栽培的番茄、黄瓜等无限生长型蔬菜，生育期可长达 8~9 个月，甚至更长，茎蔓长度可达 6~7m，甚至 10m 以上。为保证茎蔓有充分的生长空间，需于生长期内进行多次落蔓。具体做法是：当茎蔓生长到架顶时开始落蔓。落蔓前先摘除下部老叶、黄叶、病叶，将茎蔓从架上取下，使基部茎蔓在地上盘绕，或按同一方向折叠，使生长点置于架上适当高度后，重新绑蔓固定。

五、摘叶、束叶

蔬菜生长期间摘除病叶、老叶、黄叶，有利于植株下部通风透光，减轻病害的发生，减少养分消耗，促进植株生长发育。摘叶的适宜时期是在生长的中、后期，摘除基部色泽暗绿、继而黄化的叶片及严重患病、失去同化功能的叶片。摘叶宜选择晴天上午进行，用剪子留下一小段叶柄剪除。操作中也应考虑到病菌传染问题，剪除病叶后宜对剪刀做消毒处理。摘叶不可过重，即便是病叶，只要其同化功能还较为旺盛，就不宜摘除。

束叶技术主要是针对结球白菜和花椰菜等叶（花）球类蔬菜，可以促进叶球和花球软化，同时也可以防寒，增加株间空气流通，防止病害。束叶在生长后期，结球白菜已充分灌心，花椰菜花球充分膨大后，或温度降低，光合同化功能微弱时进行。过早束叶不仅对包心和花球形成不利，反而会因影响叶片的同化功能而降低产量，严重时还会造成叶球、花球腐烂。

第九节　化学调控

一、植物生长调节剂的种类与作用

（一）植物生长促进剂

1. 吲哚化合物、萘化合物和苯酚化合物

促使插条生根，可促进生长、开花、结实，防止器官脱落，疏花疏果，抑制发芽和防除杂草等。

2. 赤霉素

促进细胞分裂和伸长，刺激植物生长；可打破休眠，促进萌发；促进坐果，诱导无籽果实；促进开花。

3. 激动素、6-苄基氨基嘌呤等

促进细胞分裂和细胞增大；减缓叶绿素的分解，抑制衰老，保鲜；诱导花芽分化；打破顶端优势，促进侧芽生长。

4. 脱落酸

促进离层的形成，引起器官脱落；促进衰老和成熟；促进气孔关闭，提高植物的抗旱性。

5. 乙烯类

促进果实成熟；促进瓜类雌花分化；抑制生长，矮化植株；促进衰老与脱落。

（二）植物生长延缓剂

1. 矮壮素（化学名称为 2-氯乙基三甲基氯化铵，简称 CCC）

可抑制植物伸长生长，使植株矮化，茎秆变粗，叶色加深。

2. 多效唑（国外称 PP333）

可减弱作物生长的顶端优势；促进果树花芽分化；抑制作物节间伸长；提高作物抗逆性。

3. 比久（B_9）

可代替人工整枝。同时有利花芽分化，防止落花，提高坐果率。

4. 缩节胺（商品名为 PIX，又称 DPC）

抑制细胞伸长，延缓营养体生长，使植株矮化，株型紧凑，能增加叶绿素含量，提高叶片同化能力。调节同化物分配。

（三）植物生长抑制剂

1. 青鲜素

能降低植物的光合作用和蒸腾作用，抑制芽的生长和茎的伸长。生产上常用于抑制马铃薯、洋葱和其他贮藏器官的发芽。

2. 三碘苯甲酸

可以阻止生长素运输，抑制植株的顶端生长，使植株矮化，促进侧芽、分枝和花枝形成。

3. 整形素

对植物形态建成有强烈影响，可以在抑制顶端优势的同时，促进侧芽的发生，对茎的伸长有强烈抑制作用，使植株矮化或变为丛生状态。

二、植株生长调控

（一）促进生长

如黄瓜，用 20~50mg/L 赤霉素处理植株能促进植株生长，使叶片数增多，叶片增大，茎和节间神长；在苋菜生长期使用 20mg/L 的赤霉素农药液喷洒叶面 2~3 次，可促进生长，提高产量，或喷洒 650~2 000mg/L 的石油助长剂药液 1~2 次，也能显著提高产量；5mg/L 的 2，4-D 溶液浸泡大蒜种瓣 12h，株高和单株重都可增加，蒜头增产。应用 ABT 能促进蒜苗提前 2~3d 发芽，大大促进蒜叶增宽加长，蒜秆增长加租，从而促进蒜头产量的提高；在萝卜或胡萝卜肉质根肥大期，每 8~10d 喷施 1 次 0.5mg/L 的三十烷醇，667m^2 用量 50L，连续喷施 2~3 次，能够促进植株生长及肉质根肥大，使品质细微。使用促进型植物生长调节剂后，必须加强水肥管理，才能达到预期的效果，如果水肥条件跟不上，反而会造成减产或品质下降。

（二）防止徒长

在自然界中，植物的顶芽生长旺盛，而侧芽往往受到抑制，这是维持顶端优势、自身抑制生长的一种表现。生长点先端制造的激素向下运输，使侧芽的激素浓度过高，所以侧芽的生长就受到抑制。对于果菜类蔬菜，要防止因营养生长过旺而抑制生殖生长，生产上，一般喷洒矮壮素、多效唑等植物生长延缓剂，来调节植物的营养生长和生殖生长，防止徒长，促进生殖生长，从而促进多结果，增加产量。

如茄子在移栽缓苗之后，茄子进入旺盛生长期时，每隔 10d 施用 1 次，叶面喷洒 100~300mg/L 的助壮素溶液，一共喷洒 2

次，或喷洒 5～20mg/L 的烯效唑溶液 1 次，可以促使植株矮化，根系发达，提高光合作用，达到促进花果发育、早熟高产的目的；在番茄苗期用 50～100mg/L 矮壮素溶液喷洒，培育出粗壮的幼苗，从而增加番茄的产量；也可用 500～1 000mg/L 矮壮素溶液在开花前叶面喷洒 1 次，使植抹紧凑，促进坐果，防止因徒长而减少产量。

（三）促进薯类块茎形成

在马铃薯栽培过程中，雨水过多、光照不足、氮肥使用过量等会造成地上部分枝叶旺长，但块茎产量却不高的现象。这是由于地上部分的过分生长消耗掉了植株光合作用所积累的大多数养分，只有少部分向地下块茎输送，使得块茎的产量不高。多种植物生长调节制（如矮壮素、多效唑、三碘苯甲酸和烯效唑）都具有抑制地上部分生长、调节地上部和地下部营养分配的作用，进而促进马铃薯留块茎的生长。

三、保花保果

落花落果是茄果类蔬菜生产上主要问题之一。落花落果和坐果率低的原因很多，在生产过程中对花、果、叶等的机械损伤，病虫为害，胚发育不正常；土壤干旱，或湿度过大、温度过高成过低都会促进花柄和果柄基部离层形成而造成落花落果，并在花、果、叶断口处产生保护层细胞，防止水分蒸发和微生物侵染。所以，落花落果及落叶是植物对不利环境的一种反应，是抵抗胁迫的一种自我保护作用。

在番茄花开时用 L0～25mg/L 的 2，4-D 药液喷花或浸花。也可在番茄 1 序花中有 3～4 朵花开放时用防落素 20～40mg/L 药液喷花序，可以有效防止落花落果。防落素刺激果实膨大不如 2，4-D 快，但防落素对番茄药害较轻。茄子可以用 30～50mg/L 的赤霉素喷洒花朵和幼果 1～2 次，可以防止花果脱落，提高坐果率，增加产量。

四、生长调节剂的使用和注意事项

植物生长调节剂的施用方法较多。如溶液喷洒、药液浸泡、药液涂抹、土壤浇灌、药液注射、药液熏蒸、药液签插、高枝压条切口涂抹、拌种与做种衣等。一种植物生长调节剂具体采用何种使用方法，随生长调节剂种类、应用对象和使用目的而异。方法得当，事半功倍，方法不妥，则适得其反。在实际应用中，要根据实际情况灵活选择。

（一）溶液喷洒

溶液喷洒是生长调节剂应用中的常用方法。根据应用目的，可以对叶、果实或全株进行喷洒。先按需要配制成相应的浓度，然后用喷雾器喷洒，要细小均匀，以喷洒部位湿润为度，可在药液中加入少许乳化剂或表面活性剂等辅助剂，以增加药液的附着力。施用时间最好选择在傍晚，气温不宜过高，使药剂中的水分不致很快蒸发。如喷洒后 4h 内下雨，需要重新再喷。

（二）药液浸泡

浸泡法常用于种子处理，促进插条生根、催熟果实和贮藏保鲜等。进行种子处理时，药液量要没过种子，浸泡时间为 6~24h（与温度高低有关），等种子表面的药剂晾干后再播种。将插条基部浸泡在含有植物生长调节剂的溶液中，药液浓度决定浸泡时间，也可快蘸。浸泡后，将插条直接插入苗床中；也可用粉剂处理，先将苗木在水中浸湿，再蘸生长素的粉剂即可。

（三）药液涂抹

涂抹法，是用毛笔或其他工具，将药液涂抹在植物某一部位的施用方法。如将 2，4-D 涂抹在番茄花上，可防止落花，并可避免药液对嫩叶及幼芽产生危害。此法便于控制施药的部位，避免植物体的其他器官接触药液。对处理部位或器官要求较高，或容易引起其他器官伤害的药剂，涂抹法是一个较好的选择。用羊毛脂处理时，将含有药剂的羊毛脂直接涂抹在处理部位，有利于促进生根，或涂芽促进发芽。

（四）土壤浇灌

土壤浇灌法，是指配成水溶液直接灌于土壤中，使根部充分吸收的施用方法。在育苗床中应用时，可叶面喷洒，也可进行土壤浇灌。如果是液体培养，可将药剂直接加入培养液中。大面积应用时，可按一定面积用量，与灌溉水一同施入田中，也可按一定比例，把生长调节剂与土壤混合施用。另外，土壤的性质和结构，尤其是土壤有机质含量的多少，对药效的影响较大，施用时要根据实际情况适当增减用药剂量。

（五）注意事项

1. 进行一定规模的预备实验

具有同一作用的植物生长调节剂种类很多，如化学整形，有好多植物生长延缓剂可供选择，如丁酰肼、矮壮素、多效唑、嘧啶醇等。不同地域、不同生长季、不同种类的蔬菜对不同药剂的反应也不一样，且不同厂家、不同批次和存放时间长短施用后效果也会不同。因此，在大规模试验或处理作物之前，一定要做预备试验（处理）。

2. 选定适宜的使用时期

使用植物生长调节剂的时期至关重要。只有在适宜的时期内使用植物生长调节剂，才能收到应有的效果，其主要取决于植物的发育阶段和应用目的。萘乙酸花后使用可作疏果剂，采前使用则为保果剂；乙烯利诱导黄瓜雌花形成，必须在幼苗1~3叶期喷洒，过迟，则早期花的雌雄性别已定，达不到诱导雌花的目的；果实的催熟，应在转色期处理，可提早 7~15d 成热，过早，影响果实品质，反之则作用不大。

3. 正确的处理部位和施用方式

植物的根、茎、叶、花、果实和种子等，对同一种生长调节剂或同一大小剂量的反应不同，要根据问题的实质决定处理部位。如用 2，4-D 防止落花落果，就要把药剂涂在花朵上，抑制离层的形成；若涂于幼叶上，则会造成伤害。使用时必须选择适当的用药工具，对准所需用药的部位施药，否则会产生药害。

4. 防止药害，保证安全施用

药害是一种由于生长调节剂使用不当引起的与使用的不相符的植物形态和生理变态反应，有急性（10d 内）与慢性之分。药害产生的原因很多，对调节剂不合理的使用，用错药、喷施浓度过高、栽培管理不当、施药方法不合理等，均可导致作物药害的发生，温度高低也是导致作物药害的重要因素。

5. 正确掌握施用浓度和施药方法

植物生长调节剂的一个重要特点，就是其效应与浓度有关，如2，4-D、抑芽丹、调节膦和增甘膦等药剂，在较低浓度时起调节植物生长的功能，而在高浓度时则可起除草剂的作用。

要根据药剂有效成分配准浓度。由于生长调节剂种类繁多，有效成分含量各不相同，如 85%赤霉素晶体，也有 45%赤霉素乳剂，在配制时，要根据有效成分的多少，加适量的水，稀释成适宜的浓度。还要根据施用时的温度决定用药浓度。

6. 恰当的管理措施

施用植物生长调节剂的作物，要根据作物生长特点和生长调节剂的特殊要求抓好管理。喷施植物生长调节剂时，要制定安全间隔期。调节剂之间混用的目的要明确。做到混用的目的与生长调节剂的生理功能相一致，不能将两种生理功能完全不同的调节剂进行混用，如多效唑、矮壮素和比久等，不能与赤霉素混用。酸性调节剂不能与碱性调节剂混用，例如乙烯利是强酸性的生长调节剂，当

pH 值>4.1 时，就会释放乙烯。

7. 妥善保管植物生长调节剂

温度的变化，会使植物生长调节剂产生物理变化或化学反应，以致使其活性下降，甚至失去调节功能。如三十烷醇水剂 35℃左右环境贮藏，易产生乳析变质，赤霉素晶体 32℃以上降解丧失活性。在植物生长调节剂中，防落素、萘乙酸、矮壮素、调节膦等药剂，吸湿性较强，在湿度较大的空气中易潮解，逐渐发生水解反应，使药剂质量变劣，甚至失效。一些可湿性粉剂，吸潮后常引起结块，也会影响调节作用的效果。光照，对植物生长调节剂亦可带来不同程度的影响。因为日光中的紫外线可加速调节剂的分解。如萘乙酸和吲哚乙酸，都有遇光分解变质的特性。植物生长调节剂应用深色的玻璃瓶装存，或用深色的厚纸包装，放在不被阳光直接照射的地方。一般宜贮藏在 20℃以下的环境中，最宜放在阴凉环境中。有条件的也可将其放于专门存放化学药品的低温冰箱中保存。需要注意的是有些植物生长调节剂，由于封装时消毒不严，或者使用了部分，将剩余部分贮藏起来，很容易引起微生物污染而发生变质。所以，在使用植物生长调节剂之前，一定要认真检查是否被微生物污染；若出现污染，就应停止使用。

8. 选用合格的植物生长调节剂

为了避免伪劣药剂的为害，应该注意以下问题：首先，弄清使用的目的；其次，购药时，要查询产品有无"三证"，仔细阅读使用说明书，了解其主要作用，使用对象和使用力法，认清产品商标、生产厂家和出厂日期；最后，对于市场销售的新药剂，或使用效果还有争议的药剂，不要盲目购买，更不宜大面积推广应用。此外，还要严格按照有关规定施用，注意安全，防止污染，保护环境。

第十节　中耕、除草与培土

一、中耕

（一）中耕概念

蔬菜生育期间，在株行间进行的表土耕作就称为中耕。常采用手锄、中耕犁、齿耙和各种耕耘器等工具。

（二）中耕的作用和目的

1. 消灭杂草

栽培上，中耕与除草相结合，通过中耕除草，减少杂草与作物竞争养分、水分、阳光和空气，从而保证作物在田间占绝对的优势进行生长发育。

2. 创造良好的土壤条件

中耕可以改善土壤结构，破碎土壤表面的板结层，增加土壤空气交流，提高土壤温度，增加土壤养分分解，促进根系发育，同时也切断毛管，减少蒸发，保持土壤水分。

3. 中耕的时间与次数

播种出苗后、雨后或灌溉后，表土已经干了，天气晴朗时就应中耕。在早春地温低时也应勤中耕。中耕的次数依作物种类、生长期和土壤而定。生长期长的，中耕次数多，反之少。一般栽培蔬菜都要三遍铲趟，并都在封垄前完成。

4. 中耕深度

不同蔬菜种类和不同生育周期中耕深度不同。一般根系深的蔬菜比根系浅的蔬菜中耕应深些，前期中耕比后期深些；对根系浅的作物，通常是前期深铲浅趟，生育后期一定要浅中耕，以防伤根。

5. 中耕方法

目前中耕方法为手工和机械两种。

二、除草

在通常情况下，杂草的生长速度远超过蔬菜，而且杂草生命力极强，如不加以人工控制，很快会压倒蔬菜的生长。杂草除与作物争夺水分、光照和营养外，还常是病虫害的潜伏场所或媒介，有的杂草还是寄生性的。因此，除草是蔬菜生产上的重要措施之一。杂草种子多，发芽力强，甚至能在土壤中保持数十年的发芽能力，一旦遇到合适条件，即可发芽出苗。因此，除草应在杂草细小阶段生长弱的时候进行，并需要多次除草，效果才好。

（一）人工除草

利用手工工具进行除草。是目前采用最多的方法，质量好，对多年生草本宿根杂草尤其效果好，但费力、效率低。

（二）机械除草

用机械进行除草，比人工除草速度快，但只能除行间的杂草，株间的杂草还需要人工除草。

（三）化学除草剂除草

利用除草剂消灭杂草，是农业现代化的重要内容之一。其方法简便、效率高，可以杀死株间及行间的杂草。

1. 化学除草剂的使用方法

土壤处理，用喷雾法、喷洒法或随水浇施法对土壤表面进行处理，起到封闭或者灭杀草种的效果。茎叶处理灭生性除草剂可在播种前喷洒杂草茎叶，杀灭杂草。选择性除草剂可在播种前、播后苗前或作物生长期使用。除草剂的使用时期，主要有播前处理、播后苗前处理和出苗后处理三个时期。

2. 几种主要蔬菜的化学除草

茄果类，定植前用 48%氟乐灵乳油 75~150g/667m² 或 48%地乐胺乳油 200~250g/667m²，喷雾处理土壤并混入土中 3~5cm。定植缓苗后处理也可。缓苗后除上述两种外，还可以用 48%拉索乳油 150~200g/667m²，50%杀草丹 300~400g/667m² 处理土壤。

瓜类，黄瓜定植缓苗后稍长一段时间，可用 48%氟乐灵 100~150g/667m²、48%拉索乳油 200g/667m²、48%地乐胺 200~250g/667m² 或 25%胺草磷乳油 150~200g/667m² 定向喷雾处理土壤，西瓜可在出苗后 3~4 叶时用 48%氟乐灵乳油 100~150g/667m² 喷雾处理土壤。

伞形科蔬菜，胡萝卜、芫荽和芹菜可在播后出苗前用 25%除草醚可湿性粉剂 1 000~1 500g/667m² 或50%扑草净可湿性粉剂 100g/667m² 喷雾处理土壤。韭菜播后苗前用 33%杀草通乳油 150g/667m² 或 48%地乐胺 200g/667m² 喷雾处理土壤，出苗后也可使用杀草通、地乐胺或扑草净处理土壤。

（四）土壤处理剂除草

土壤处理机又称封闭处理剂，主要用以抑制或杀死正在萌发的杂草，采用土表处理与混土处理。土表处理是在蔬菜播种后，出苗前应用，如甲草胺和乙草胺等，其除草效果受土壤含水量影响很大；混土处理是在作物播种前使用，通常为饱和蒸气压高、易挥发与光解，如二硝基苯胺类和硫代氨基甲酸酯类除草剂多采用混土处理。土壤处理剂使用时应考虑：根据土壤有机质及机械组成确定用药量；根据持效期和淋溶特性确定轮作中的后茬作物。

（五）生物除草

生物防除杂草的主要内容有：利用真菌、细菌、病毒、昆虫、动物、线虫类除草以及以草克草和异株作用等生物防除杂草。如利用鲁保一号防治大都菟丝子，F800 病菌（一种镰刀菌）可防除瓜类杂草列当；用小卷蛾可以去除香附子，也有用家畜家禽防除杂草的成功。如鸡、鸭群可以吃掉部分杂草的草芽。

（六）种植绿肥除草

在蔬菜作物轮作茬口中，当菜地空闲时，可种植 1 茬绿肥，以防杂草丛生，在适当的时候将绿肥翻入土中作肥料。绿肥的种类可因时因地选择适宜的品种，一般夏季种植田菁、太阳麻，冬季种植满园花、紫云英、豌豆、苜蓿、红菜薹、燕麦、大麦、小麦等，种植绿肥不但可以防止杂草丛生，还可以改良土壤，防止连作造成病害蔓延。

（七）间作除草

此方法适宜稀植栽培，生长前期空隙比较大的蔬菜。为了防杂草生长，可间作一些株型小、生长快的蔬菜，如南瓜、冬瓜、甘薯的行间可间作葱、萝卜、苋菜、花菜、甘蓝、雪里蕻等。

（八）覆盖除草

采用地膜、煤渣、砂砾、农村废弃的有机材料和农家灰杂肥覆盖，起到抑草和除草的作用。

三、培土

培土是在蔬菜生长期间将行间的土壤分次培于植株的根部。这一措施往往与中耕除草相结合进行。培土对不同的蔬菜作用不同。大葱、韭菜、芹菜、石刁柏的培土，可以促进软化，提高产量与品质；马铃薯、芋、姜的培土，可以促进地下产品器官的形成；番茄、南瓜等易生不定根的种类，培土可增加根系、培土同时起到防止倒伏、防寒防热等效果。

第十一节　病虫害防治

一、常见蔬菜病虫害的识别

(一) 蔬菜常见病害的识别

1. 蔬菜苗期常见病害

蔬菜幼苗生长较弱，容易受到多种病害的侵袭而死亡，给生产上带来很大的麻烦。蔬菜苗期常见的病害大致有以下几种。

(1) 猝倒病　幼苗出土前染病引起烂种，出苗后发病，茎基部出现淡褐色水渍状病斑，病斑绕茎1周后变软，表皮脱落，病部缢缩，茎呈线状。该病发病迅猛，病斑上部未表现症状便折倒。

(2) 立枯病　幼苗出土后发病，茎基部出现椭圆形凹陷病斑。病斑绕茎1周，造成缢缩干枯，植株萎蔫或直立死亡，一般不会倒伏。

(3) 枯萎病　苗期发病，茎基部缢缩，子叶或全株萎蔫。潮湿时茎基部出现水渍状腐烂，受害处纵裂成丝状，表面长出白色或粉红色霉层。

(4) 沤根　叶片和茎发病，病斑呈水渍状腐烂，湿度大时产生大量灰褐色霉层，霉斑不规则，后期干枯，常常自患病处折断。

2. 蔬菜生长期常见病害

(1) 叶枯病　属真菌性病害。主要为害大蒜、洋葱、韭菜等百合科作物。病多发始于叶尖或花梗，初呈现白色小圆点，扩大后呈不规则或椭圆形灰白色或灰褐色病斑，病斑上生出黑色霉状物，严重时病叶枯死，不能抽薹或花梗折断。病菌主要随病株残体在土壤中越冬越夏，成为初次发病来源，病部不生的病菌可随风、气流进行再侵染。

（2）黑斑病 属真菌病害。主要为害油菜、萝卜、白菜、莲花白等。在叶片、叶柄上初生是近圆形褪绿斑，后变成直径为 5~10mm 大的淡褐色斑，有明显的同心轮纹，潮湿时上生黑褐色霉状物，发病重时病斑连成一大片，使整叶枯死。病源菌在土壤，病株残体、种子表面上越冬越夏，一般气温 17℃左右发病最早，可引起再侵染。

（3）黑腐病 属细菌性病害。主要为害丕蓝、莲花白、小铁头、萝卜等十字花科蔬菜。病害从叶边缘发生，形成"V"形的黄褐色病斑，边缘有黄色晕环，叶脉变黑。天气干燥时病部干而脆，致使整叶枯死，温度大时引起叶柄及茎腐烂。病菌在种子、病株残体上越冬越夏，经风、雨、农具等从叶片边缘的气孔侵入，然后引起再侵染。

（4）软腐病 属细菌性病害。主要为害白菜、萝卜、番茄、辣椒、大葱、芹菜、莴笋、胡萝卜等。晴天中午外叶萎蔫，或平贴地面，叶柄基部和根茎心髓组织腐烂，腐烂叶片干后呈薄纸状。一般 6—8 月发生较重。

（5）锈病 豆科植物如菜豆、蚕豆、豌豆、豇豆等的叶上经常出现一种锈状物，称为类锈病。还可为害葱、黄花菜，蔬菜锈病的症状都很相似，主要发生在叶片上，也为害叶柄、茎和豆荚。叶片上初生很小的黄白色斑点，逐渐隆起，然后扩大成黄褐色疱斑。疱斑破裂后散出红褐色粉末，到后期，疱斑逐渐为黑褐色，也就是所称的"锈状物"。病斑多时，叶片迅速干枯早落。

（6）白粉病 豆科蔬菜，白粉病为害非常普遍，病叶率可达 80%。除为害豆科蔬菜外，还可为害辣椒。豆科蔬菜叶、茎、蔓和荚均可发病。叶片感病，初生淡黄色小斑，扩大后呈不规则形白色粉斑。病斑互相连接，叶片两面均铺盖一层白色粉状物，致病叶由下至上变黄干枯，嫩茎、叶柄和豆荚感病后，也出现白色粉斑，严重时病部布满白粉，造成茎蔓枯黄，嫩荚干缩。

（7）晚疫病 为害番茄，发生于叶、叶柄、茎和块茎上，中部病斑多从叶尖或叶缘开始发生，初期为褪绿水渍状小斑，逐渐扩大为圆形或半圆形暗绿或褐色大斑，使叶片萎蔫下垂，整个植株变为焦黑。

（8）病毒病　主要为害白菜、番茄、瓜类、芹菜、辣椒等作物。为害叶片、茎、果等部位，可分为花地型、条斑型、蕨菜型、三种叶片上有明显的花叶症状，凹凸不平，卷曲，畸形，茎秆形成条状斑，病株矮小，严重时叶片枯死。

（9）霜霉病　主要为害白菜、黄瓜、莴笋等作物。发病于叶片，其次为害茎、花和果实。叶片上产生淡绿色病斑，呈多角形不规则形，叶背面产生白色霜状霉，严重时叶片变黄、干枯。

（二）蔬菜常见虫害

1. 小菜蛾

主要为害苤蓝、小铁头、莲花白、白菜、油菜、萝卜、青菜等十花科作物。其幼虫取食叶肉，留下表皮，在菜叶上形成一个透明斑，称"天窗"，严重时全叶被吃成网状。成虫体长 6~7mm 灰褐色，前翅后缘具黄白色三色曲折的皱纹，缘毛长，两翅合拢时呈 3 个连的菱形斑；卵椭圆形，黄绿色；幼虫体长约 10mm，体节分明，两头尖，虫体呈纺锤形；蛹蓝绿至灰褐色，体上包有薄如丝的茧。

2. 葱蓟马

主要为害大蒜、大葱、韭菜百合科作物和烤烟等。以成虫、若虫为害植物的心叶、嫩叶，形成长形黄白斑纹，致使叶片扭曲枯黄。成虫 1.2~1.4mm，淡褐色，翅狭长；若虫无翅，体黄白色；卵肾形，乳白至黄白色。

二、病虫害防治

（一）病害防治

1. 真菌性病害

（1）霜霉病、疫病　可用 53% 金雷多米尔 600 倍液、72% 甲霜灵锰锌 500~600 倍液、66.8% 霉多克 600 倍液、70% 安泰生（富锌）500~700 倍液、大生 600 倍及喷克 600 倍液进行防治。

（2）白粉病、锈病　可用仿生性农药-绿帝粉剂或粉锈灵 1 000 倍液、40%灭病威悬浮剂 300~400 倍液、25%敌力脱 1 000 倍液、仙生 800 倍液、得清 2 000 倍液、喷克 600 倍液进行防治。

（3）枯萎病　选种抗病品种；水旱轮作；清理病残体；施用腐熟有机肥；避免串灌漫灌；移苗后及时用药淋根；2.5%适时乐悬浮种衣拌种和适时乐 2 000 倍液、枯萎立克 500 倍液、必备 500 倍液、50%甲基托布津 400 倍液等淋根。

2. 细菌性病害

选种抗病品种；水旱轮作；清理敏感作物，清除田间病残体；用 40%甲醛 150 倍液浸种 1.5h 或 100 万单位的硫酸链霉素 500 倍液浸种 2h 后催芽；用 DT 10g/m²，加 10 倍细土育苗前处理苗床；补充叶面肥；发病前药剂淋根。药剂可用 77%可杀得 600~800 倍液、72%农用链霉素 4 000 倍液、30%氧氯化铜 300~400 倍液以及 DT、丰护安、绿乳铜等药剂进行灌根，0.3~0.5kg/株。

3. 病毒病

可尽量选用抗病品种，及时清除病叶、病果，保持田间湿度，防止高温干旱。播种前用 10%磷酸三钠溶液浸种 30min 再催芽。挂银灰色膜条与株高相平起到避蚜作用。防病毒病主要是消灭传毒介体质，早期可采用药剂加治蚜药剂混合喷洒，同时补充叶面肥。药剂可用 1.5%植病灵 500 倍液、2%宁南霉素 200 倍液或菌毒清、磷酸三钠、绿芬威 1 号等。也可用配方：万丰露 2 000 倍液+菌克毒克 500 倍液+阿克泰 1 000~1 500 倍液；新动力 1 500 倍液+菌克毒克 500 倍液+10%蚜虱净 1 000 倍液；果蔬动力 1 500 倍液+菌克毒克 500 倍液+康复多 2 000 倍液等混配使用。

（二）虫害防治

1. 小菜蛾、菜青虫

在小范围内避免十字花科蔬菜周年连作；对育苗田加强管理，

及时防治，避免将虫带入本田；及时清除田园内残株落叶或立即翻耕，可消灭大量虫源。小菜蛾有趋光性，在成虫发生期，每30亩菜田设置1盏灭虫灯效果更好。使用1.8%阿维菌素2 000~2 500倍液或BT粉剂对小菜蛾有很好的防效。

掌握卵孵化盛期到2龄前用药剂。常用药剂：25%菜喜悬浮剂1 000~1 500倍液（多杀霉素）、安保1 000倍液、除尽1 200~1 500倍液、15%安打3 500~4 000倍液、1.8%阿维菌素（虫螨光、爱福丁、爱力螨克）2 000~3 000倍液、BT苏云金杆菌1 000~1 500倍液、5%抑太宝2 000倍液，或20%灭幼脲1号或25%灭幼脲3号胶悬剂500~600倍液，也可用5%锐劲特2 500倍液或40%丙溴磷乳油40g效果更佳。施药方法为圈点法进行叶背和叶心喷雾。剂量每667m² 约15~20kg。

2. 斜纹夜蛾、甜菜夜蛾

加强田间管理，清除杂草，减少虫源。灭虫灯、黑光灯诱杀成虫效果很好，还可同时诱杀棉铃虫、地老虎、斜纹夜蛾等。

田间用药的关键时期是消灭幼虫于3龄以前，在傍晚施药效果最佳。常用药剂：20%杀灭菊酯乳油1 500~2 000倍液；20%灭幼脲Ⅰ号或Ⅲ号制剂500~1 000倍液；鱼藤精500倍液；50%马拉硫磷800倍液；40.7%乐斯本乳油800倍液；5%抑太保乳油1 000倍液；5%卡死克乳油1 200倍液。剂量每667m² 约15~20kg。

3. 棉铃虫

摘除虫果压低虫口。早、中、晚熟品种要搭配开，避开二代棉铃虫的为害。喷施棉铃虫核型多角体病毒，可使幼虫大量死亡。孵化盛期至二龄盛期，即幼虫尚未蛀入果内施药。注意交替轮换用药。如3龄后幼虫已蛀入果内，施药效果则很差。常用药剂：2.5%敌杀死3 000~4 000倍液、5%功夫乳油4 000~5 000倍液、21%灭杀毙乳油6 000倍液、2.5%天王星乳油3 000倍液、安保1 000倍液等。剂量每667m² 约15~20kg。

4. 菜螟

合理安排蔬菜种植品种；适当调节播种期，使害虫大发生期与蔬菜感虫期错开；收获后及时耕翻菜地，清除残株落叶，以减少虫源；在早晨太阳未出、露水未干前泼水淋菜，可以大大减少菜螟为害；适当灌水，增大田间湿度，既可抑制害虫，又能促进菜苗生长。

应根据实地调查测报，抓住成虫盛发期和卵盛孵期进行。可供选用的药剂有18%杀虫双水剂800~1 000倍液、2.5%功夫乳油4 000倍液、20%灭扫利乳油或2.5%天王星乳油3 000倍液；苏云金杆菌制剂Bt乳剂500~700倍液等都有很好的防效。剂量每667m^{2}约15~20kg。

三、农药安全使用技术

（一）熟悉病虫种类，了解农药性质

蔬菜病虫等有害生物种类虽然多，但如果掌握它们的基本知识，正确辨别和区分有害生物的种类，根据不同对象选择适用的农药品种，就可以收到好的防治效果。蔬菜病害可分侵染病害、非侵染性病害、侵毒性病毒、线虫性病害等四大类。其中以真菌性病害为最多，约占80%。这四大类病害的用药不同，搞错了药则无效。例如用防治细菌性病害（如黄瓜霜霉病）或病毒性病害（如番茄花叶病毒病）则无效的。

蔬菜害虫可分为昆虫类、螨类（蜘蛛类）、软体动物类三大类型。昆虫中依其口器不同，分成刺吸式样口器害虫和咀嚼式口器害虫，必须根据不同的害虫用不同的杀虫剂来防治。只有选择对路的农药，才能奏效。

了解病因虫因后，选择适当的农药时应尽可能选用无毒、无残留低毒、低残留的农药。首先，选择生物农药或生化剂农药。如：Bt、8010、白僵菌、天霸、天力二号、菜丰灵等。其次，选择特异昆虫生长调节剂农药，如抑太保、卡死克、农梦特等。第三，选择高效低毒残留的农药，如杀虫单、氯氰菊酯等。

（二） 正确掌握用药量

各种农药对防治对象的用药量都是经过试验确定，在生产中使用时不能随意增减。提高用量不但造成农药浪费，也造成农药残留量增加，易对蔬菜产生药害，导致病虫产生抗性，污染环境，用药量不足时，则不能收到预期防治效果，达不到防治目的。通常菊酯类杀虫剂使用浓度为 2 000~3 000 倍液，有机磷杀虫剂为 1 500~2 000 倍液，激素类 3 000 倍液左右，杀菌剂为 600~800 倍液，不能私自提高用药浓度，用药次数，每 $667m^2$ 施药液 15~20kg 即可。

（三） 不同生态环境下的农药剂型的选择

如喷粉法工效比喷雾法高，不易受水源限制，但是必须当风力小于 1m/s 时才可应用；同时喷粉不耐雨水冲洗，一般喷粉后 24h 内降雨则须补喷。又如塑料大棚内一般湿度都过大，应选烟雾剂的杀虫、杀菌剂使用。

（四） 病虫情测报与交替换用药

加强病虫测报，经常查病查虫，选择有利时机进行防治。各种害虫的习性和为害期各不同，其防治的适期也不完全一致。交替轮换用药。正确复配以延缓抗性生成。同时，混配农药还有增效作用，兼治其他病虫，省工省药。农药在水中的酸碱度不同，可将分为酸性、中性和碱性三类。在混合使用时，要注意同类性质的农药相配，中性与酸性的也能混用，但是凡在碱性条件下易分解的有机磷杀虫剂以及西维因、代森铵等都能和石硫合剂、波尔多液混用，但必须随配随用。

（五） 人员安全

配药时，配药人员要戴胶皮手套和口罩，必须用量具有按照规定的剂量称取药液或药粉，不得任意增加用量。

（六）产品安全

喷洒过农药的蔬菜，一定要过安全间隔才能上市。各种农药的安全间隔不同。一般笼统地说，喷洒过化学农药的蔬菜，夏天要过7d，冬天要过10d，才可上市。

第五章 茄果类蔬菜

第一节 大棚春茬番茄

一、品种选择

棚室春茬番茄应选择早熟或中早熟耐寒、耐弱光、抗病的优良品种，还要考虑市场对果实色泽的要求，长途运输销售时还应考虑品种的耐贮运性。目前常用的品种有金鹏8号、苏粉2号、罗拉、洛阳92-18、农大早红、保石捷916、浙粉202、喜临门、皖粉2号、STP-F318号、中杂11号等。

二、育苗

（一）壮苗标准

根系发达，茎粗0.5cm左右，叶厚、浓绿色，苗龄65～70d，苗高20cm左右，8～9片真叶，第1花序普遍现蕾。

（二）播种

由于定植时间较早，必须采用温室育苗或电热温床育苗。播种前3～4d进行浸种催芽，50%以上种子出芽时即可播种，可采用撒播或点播的方法。播种前1d要将苗床浇足底水，使水分下渗10cm左右。即除渗透培养土外，苗床本土还要下渗2～4cm。播种后要撒一薄层盖籽培养土，并及时覆盖塑料薄膜。

(三) 苗期管理

这一阶段是育苗管理的关键时期。首先保证苗床适宜的地温
（昼间28~30℃，夜间16~18℃），使幼苗迅速而整齐地出苗，同时
也要防止苗床气温过低造成发芽不出土的现象。发现地面裂缝及
"戴帽"出土时，可撒盖湿润细土，填补裂缝，增加土表湿润度及
压力，以助子叶脱壳。出苗后至第1片真叶露心，这时幼苗极易徒
长，管理上应适当降低苗床温度（昼间25~28℃，夜间12~15℃），
防止徒长，特别是适当降低夜温是控制徒长的有效措施。在幼苗
期，床土不过干不浇水，如底水不足，可选晴天一次浇透水，切忌
小水勤浇。同时注意防止苗期病害的发生，如猝倒病等。此外，秧
苗拥挤时应及时间苗。在定植前1周左右，应及时炼苗，主要措施
是降温控水，以适应定植后的栽培环境。注意秧苗锻炼的程度要适
度，否则秧苗易老化。

三、扣棚与整地

在定植前1个月扣棚，提高地温。栽培番茄要选择土层深厚，
土质肥沃，疏松透气，排灌方便，pH值中性或微酸性的沙质壤土
或黏质壤土较好。为减少土壤传染病害和线虫为害，番茄应与非茄
科作物实行4年以上的轮作。

结合整地的同时施入基肥。施用方法采取撒施与集中施用相结
合，每667m² 可选择充分腐熟有机肥2 000~3 000kg、饼肥80kg、
过磷酸钙30kg及含磷较高的复合肥40kg作基肥。其中，饼肥与
60%左右的有机肥于整地前撒施，余下的有机肥和过磷酸钙及复合
肥充分混合后集中施入定植行中，与土壤充分混匀。这样，既保证
了前期生长对养分的需要，又能有效防止后期的早衰。

定植前7~10d，开始整地做畦。番茄一般采取一垄双行高垄栽
培，垄距1.2~1.3m，其中垄宽70cm，沟宽50cm，垄高15~20cm。
做畦后立即覆盖薄膜，可以显著提高地温，利于缓苗。覆盖地膜

前，要将垄面或畦面整碎整平，在晴朗无风的天气进行，力求紧贴土面，四周用土封严。为防止杂草，可采用黑色薄膜覆盖。

四、定植

根据各地气候特点，当棚内 10cm 土温稳定通过 L0℃时便可以安全定植，选寒尾暖头晴天上午栽苗，为方便管理，秧苗应分级分区定植。定植的前 1d 应对秧苗浇 1 次水，以便起苗时多带土、少伤根，定植的深度以与子叶处平为宜，定植过深则影响缓苗。对徒长的番茄苗可采用"卧栽法"，即将番茄苗斜放在定植穴内封土，主要优点是防止定植后的风害，促发不定根，并利用地表温度较高的特点加速缓苗，具有促使徒长苗定植后健壮生长的作用。定植水要浇足。

定植密度因品种、栽培目的、整枝方式、以及留果穗数等因素决定。早熟品种留果数少，架式低矮，栽植密度宜密，适宜的行株距为 50cm×（25~28）cm，每 666.7m^2 定植 6 000 株左右。中、晚熟品种，适宜的行株距为（70~75）cm×（30~36）cm，每 666.7m^2 定植 2 500 株左右。

五、定植后的管理

（一）温度管理

定植初期保持高温高湿环境以利于缓苗，不放风，白天控温在 25~30℃，夜间保持 15~17℃，空气相对湿度 60%~80%。缓苗后开始放风排湿降温，白天温度 20~25℃，夜间为 12~15℃，空气湿度不超过 60%，防止徒长。进入结果期，白天控温 20~25℃，超过 25℃放风，夜间保持 15~17℃。每次浇水后及时放风排湿，防止病害的发生。随着外界气温的逐渐升高，要逐渐加大通风量。当外界气温稳定在 10℃以上时，就可以昼夜通风，当外界最低气温稳定在 15℃以上时，就可以逐渐撤去棚膜。华北地区，一般在 5 月上中旬就可以全部撤掉棚膜。

（二）肥水管理

定植后 4~5d 浇 1 次缓苗水。缓苗后，肥水管理因品种而异。早熟品种长势相对较弱，栽培以促为主，即加强肥水，促进生长，若长势较旺，可适当蹲苗。中、晚熟品种生长势较强，缓苗后要及时中耕 2~3 次，及时蹲苗，促进根系发育。中耕应连续进行三四次，中耕深度一次比一次浅，行距大的畦可适当培土，促进茎基部发生不定根，扩大根群。

直到第一果穗最大果实直径达到 3cm 时蹲苗结束。此时，结合浇水开始进行追第一次追肥，追肥要注意氮、磷、钾配合施用。每 $667m^2$ 可施尿素 15~20kg，过磷酸钙 20~25kg，硫酸钾 10kg。进入盛果期，是需肥水的高峰期，要集中连续追 2~3 次肥，分别在第二穗果和第三穗果开始迅速膨大时各追肥 1 次。除土壤追肥外，可在结果盛盛期用 0.2%~0.5% 的磷酸二氢钾或 0.2%~0.3% 的尿素进行根外追肥。在追肥的同时及时浇水，浇水要均匀，忌忽干忽湿，使土壤保持湿润，防止裂果。

（三）植株调整

定植 2 周后开始搭架或吊蔓。搭架要求架材坚实，插立牢固，严防倒伏。番茄的架型因品种和整枝方式不同而异。自封顶品种、为早熟而保留较少果穗进行打顶，可采用单立架；中晚熟品种可采用"人"字架或篱架形式。由于通风透光较差的原因，一般不提倡采用三角圆锥架或四角圆锥架。搭架后及时绑蔓，绑蔓时应呈"8"型把番茄蔓和架材绑在一起，防止把番茄蔓和架材绑在一个结内而缢伤茎蔓。棚栽番茄密度较高，最好采取单干整枝，即只保留主干、所有侧枝全部摘除，每株留 3~4 穗果的整枝方法。另外，根据栽培的实际情况，还可采用改良式单干整枝和双干整枝。改良式单干整枝是在单干整技基础上，保留第 1 花序下的侧枝，在其结 1

穗果后进行摘心。该种整枝方法，具有早熟、增强植株长势和节约用苗的优点；双干整枝是除主轴外，还保留第1花序下的第1侧枝，该侧枝由于生长势强，很快与主轴并行生长，形成双干，除去其余全部侧枝的整枝方法。该种整枝方法适用于生长势旺盛的无限生长类型的品种。在整枝过程中摘除多余侧枝，叫打杈。打杈过晚，消耗养分过多，但在植株生长初期，过早打杈会影响根系的生长，尤其对生长势较弱的早熟品种，可待侧枝长到5~6cm时，分期、分次地摘除。对第一穗果坐果前出现的每一侧枝，留2~3片叶摘心，这样处理有利于增加大苗期的光合面积，从而增加光合产物量；同时可以促进根系的发育，为丰产打基础。在结果盛期以后，对基部的病叶、黄叶可陆续摘除，减少呼吸消耗，改善通风透光条件，减轻病害发生。

为提高果实的商品性和整齐度，要进行疏花疏果。对花序中花数过多的品种，或早期发生的畸形花、畸形果应行疏花或疏果，一般每穗留3~4个果，其余的花果全部去掉，以节约养分，集中供应选留的果实发育，提高商品果的品质。

（四）保花

用30~50mg/L的防落素（PCPA）或20~30mg/L的2，4-D，在花朵刚开放时蘸花防止落花，处理时应在药剂中加入染料，避免重复使用，防止浓度过大造成药害。

六、采收

番茄以成熟着色的果实为产品，从开花到果实成熟，早熟品种需40~50d，中、晚期品种需50~60d。果实成熟过程可分4个时期：绿熟期、转色期、成熟期、完熟期。在成熟过程中，果实内的化学成分也在发生着变化，表现为酸成分减少，糖量增加，叶绿素逐渐减少，茄红素、胡萝卜素及叶黄素增加，逐渐形成番茄特有的品质。为加速番茄转色和成熟，必要时可行人工催熟。人工催熟的方法大致可分为增温处理和化学药剂处理两类方法。增温处理是将已充分膨大的绿熟果采收，置于室内或塑料薄膜棚内，增高温度加速成熟。这种方法只适宜处理已经采收的果实，而且催熟效果比较缓慢。化学药剂催熟的效果较快，方法是将采收的处于转色期的果实用 1 000~4 000mg/L 的乙烯利溶液浸果 1min 置于温暖处，经 3~4d 开始转红，这种方法催熟效果快，但色泽稍差。也可用 500~1 000mg/L 乙烯利喷洒植株上的绿熟果，在植株上催熟的果实色泽较好。但切记不要喷到植株上部的嫩叶上，以免发生药害。

第二节　地膜辣椒

一、品种选择

根据目标市场要求，选择辣椒或甜椒的优良品种进行栽培，进行早熟栽培时应选择早熟品种。辣椒品种可选豫艺农研 13 号、洛椒 4 号、汴椒 1 号、湘研 16 号等。甜椒品种可选中椒 11 号、豫艺农研 23 号、中椒 8 号等。

二、育苗

培育适龄壮苗是辣椒丰产稳产的基础，不仅有利于早熟，且能促进发秧，减轻病毒病的为害。在一般育苗条件下，要使幼苗定植时达到现大蕾的生理苗龄，必须适当早播，育苗期一般 80~90d。采用电热温床或酿热温床且营养条件好时，可缩短育苗期 70~75d。

在育苗中，应首先保证播种后整齐一致的出苗，防止因种子质量不高、催芽不整齐、覆土过薄或过厚、土壤湿度过大等原因造成的出苗不整齐。播种前浸种时首先对种子进行水选，然后用 55~60℃温水浸种 10~15min，然后放在 20~25℃条件下浸种 8h。在 25~30℃温度下催芽或以每天 8h 20℃和 16h 30℃的变温催芽，4d

左右有 50%~60% "露白" 时开始播种，播种量为 15~20g/m²。为防止苗期病害，需配制药土，每平方米床土可用 50% 多菌灵粉剂 8~12g 与 12~15kg 过筛细土混匀，下垫上盖。播种时灌水量不宜过大，以免造成床土过湿，土温低，出苗缓慢，也易得猝倒病。播后覆土 0.5~1cm。出苗期土温不应低于 17~18℃，以 24~25℃ 为宜。

为防止因育苗期长造成根系发育不良，最好要采用肥沃、通气良好的培养土，床土总孔隙度在 60% 以上，容重小于或接近 1g/cm³，速效氮含量 50~100mg/kg，速效磷含量 100mg/kg 及较充足的钾素含量。

辣椒苗生长较缓慢，须维持比番茄育苗更高的温度。幼苗 "吐心" 后，应降温防止幼苗徒长，形成高脚苗。2~3 真叶时分苗，为保护根系，提倡 1 次分苗，株行距以 10cm×10cm 为宜，采用容器分苗的护根效果更明显。分苗的方法有单株分苗和双株分苗，单株分苗秧苗更加健壮，但占苗床面积大，用容器数量增加；双株分苗可节省苗床面积和容器数量，但要选大小苗一致的秧苗配对移栽，避免大苗影响小苗生长。定植前 10d 左右，进行秧苗锻炼，锻炼以降温为主，适当控制水分，过度控水易损伤根系，形成老化苗。

三、整地施肥

选择排灌方便的壤土或沙壤土栽培辣椒，为防止土壤带病菌，要与非茄科作物进行 3~5 年的轮作。定植前结合深翻施入充足的基肥，每 667m² 施优质腐熟有机肥 5 000~7 500kg、过磷酸钙 30~40kg、尿素 20kg、硫酸钾 15~20kg，撒施与沟施相结合。将基肥用量的 2/3 均匀撒施，再翻耕整平，剩余的 1/3 则按定植的行距开沟施入。做垄后立即覆膜，以保墒增温。铺膜时要绷紧，紧贴土面，四周用土封严。

四、定植

适宜的定植时期，原则上是当地晚霜过后应及早定植，一般是

10cm 深土壤温度稳定在 12℃左右即可定植。定植过早，土温不足，影响根系发育及植株生长。定植后如能再结合短期小拱棚覆盖，可促进早发棵，增产效果显著。

辣椒的栽植密度依品种及生长期长短而不同，一般每 667m² 定植 3 000~4 000 穴（双株），行距 50~60cm，株距 25~33cm。定植时早熟品种可 1 穴 2~3 株，中晚熟品种一般采用单株定植。

五、田间管理

根据辣椒喜温、喜水、喜肥及高温易得病、水涝易死秧、肥多易烧根的特点，在整个生长期内按不同的生长发育阶段进行管理。

（一）定植后到采收前

主要环节是促根，发棵。前期地温低，辣椒根系弱，轻浇缓苗水，然后进行中耕以增温保墒，并适当蹲苗，促进迅速发根。蹲苗结束后，及时浇水、追肥，促进生长，以提高早期产量。追肥以氮肥为主，配合追施磷、钾肥，使秧棵健壮，防止落花。第一花下面主茎上的侧芽应及时摘除。

（二）开始采收至盛果期

主要环节是促秧，保果。此阶段气温逐渐升高，降水量逐渐增多，病虫害陆续发生，是决定产量高低的关键时期，如管理不善，植株生长停滞，病毒病等病害会很快出现，果实不肥大，导致产量迅速下降。为防止植株早衰应及时采收门椒，及时浇水，经常保持土壤湿度，促秧攻果，争取在高温季节前封垄，进入盛果期。在封垄前应培土，并结合灌水进行追肥。培土时取土深度不要超过定植沟下 10cm，培土高度以 12~13cm 为宜，避免伤根过重。肥料可选用充分腐熟的人粪尿或磷酸二铵或氮磷钾复合肥进行追肥。另外，还要做好病虫害的防治工作，特别是蚜虫、疫病、炭疽病、病毒病等。

（三）高温季节的管理

应着重保根、保秧、防止败秧与死秧。高温的直接危害是诱发病毒病的发生，尤以高温干旱年份更为严重。在病毒病流行期间，落花落果严重，有时大量落叶。因此，在高温干旱年份要及时灌溉，始终保持土壤湿润，以抑制病毒病的发生与发展。在多雨年份要防止雨后田间积水导致植株死亡。

（四）结果后期的管理

选用晚熟品种时，高温雨季过后气温逐渐转凉时，辣椒植株又恢复正常生长，应结合浇水，追施速效性肥料，补充土壤营养，促进第二次结果盛期的形成，增加后期产量。

六、采收

一般花后 25~30d 即可采收嫩果，对长势弱的植株适当早收，长势强的植株适当晚收，以协调秧果关系。

第三节　大棚春茬茄子

一、品种选择

选用抗逆性强，生长势中等，植株开张度小，果实发育快，坐果率高中早熟品种。紫圆茄品种，可选用京茄黑宝、十佳圆茄、快圆茄等；紫长（或长卵圆）茄品种，可选用大龙、布利塔、黑将军等；青茄品种可选用糙青茄等。

二、育苗

秧苗在定植时应有 8~9 片真叶，叶大而厚，叶色较浓，有光泽，子叶完好，株高 18~20cm，茎粗 0.5cm 以上，70% 以上现大蕾，根系洁白发达。为培育出适龄壮苗，应注意以下环节。

（一）播种期的确定

茄子育苗期较长，90~110d，苗期管理不当，秧苗极易老化，所以育苗时要注重苗床土的配制，提高地温，扩大秧苗营养面积，减少分苗次数等保证幼苗质量。根据当地适宜定植时间按育苗期往前推算，确定适宜的播种期。

（二）种子处理

茄子种皮较厚，为促进发芽和消灭种皮所带病菌，播前种子处理是很有必要的。先用清水浸种 10min，漂出瘪籽。然后用 55℃温水浸种，保持 10~15min，水温下降到室温（20~30℃）进行一般浸种 10~12h。浸种过程中要不断搓洗种子并换水，以减轻种子呼吸作用产生的黏性物质对其发芽的影响。然后在 25~30℃ 条件下催芽，经 5~6d，60%~70% 种子出芽时便可播种。为提高幼苗抗逆性和出苗整齐度，可在 25~30℃ 条件下 12h，20℃ 条件下 8h 进行变温催芽。

（三）苗床播种

茄子播种应配制疏松肥沃的床土，可采用 1/3 园土和 2/3 充分腐熟的马粪配制。为了预防茄子苗期猝倒病和立枯病，可实行药土播种（土壤消毒），即每平方米用等量混合的五氯硝基苯和代森锌混合药剂 7~8g 与 15kg 干细土混匀制成药土，于播种前撒 2/3，播种后撒 1/3。播种时，每栽培 667m^2 用种 50~75g，将催好芽的种子，均匀地撒播在浇足底水的苗床中，覆上 1cm 湿润细土。由于播种期正值寒冷季节，日光温室或大棚中地温偏低，不利于幼苗出土，为提高秧苗质量，还可采用电热温床育苗，但应注意电力供应和安全问题。

（四）播种后的管理

覆土后床面覆盖地膜，电热温床或普通地床均扣上塑料拱棚，夜间拱棚外面还可加盖草苫，以确保幼苗出土。出苗期间以 20~25℃ 土温为好。播后 5~6d 子叶陆续出土，有 70% 左右幼苗出土时上午揭除床面地膜，防止烧烤籽苗。

茄子在子叶出土至真叶破心期不易徒长，直至分苗前维持昼间 22~25℃，夜间 16~17℃，但不能低于 15℃，地温 18~20℃。如苗床干旱，可浇一次透水，平时以保水为主，防止低温高湿引起病害。

（五）分苗及成苗期管理

茄子单株分苗，株行距一般 8cm×8cm，宜早分苗，一般在两片真叶展开时分苗，若出苗密度大或发生猝倒病，应在子叶充分展开时分苗，并改一次分苗为多次分苗。采用容器分苗更有利于保护幼苗根系。缓苗期间温度应提高 2~3℃，促进新根发生。缓苗后进入成苗期，苗床温度可比前期低些，而且主要是调节气温，昼间 22~25℃，夜间 10~15℃ 较为合适，其中夜温随着秧苗长大逐渐降低，成苗期可用 0.2%~0.4% 的尿素进行叶面追肥，有明显壮苗作用。定植前 7~10d 进行秧苗锻炼，以适应定植后的栽培环境，主要通过放风和早晚揭盖草苫来调节。

三、整地施肥

茄子适宜于有机质丰富，土层深厚，保肥保水力强，排水良好的地块。对轮作要求严格，需与非茄科蔬菜实行 5 年以上的轮作，或可采用茄子嫁接技术以减轻黄萎病和枯萎病对茄子栽培的影响。

茄子喜肥耐肥，生长期长，须深耕重施基肥，促进产量提高，防止早衰。一般在年前进行秋翻时撒施 2/3 基肥，第二年春天进行春耙保墒，耙地要求平整细碎，上虚下实。结合做垄再撒施 1/3 有机肥于垄上，与土壤混合均匀，总计每 667m² 施基肥达到 5 000~7 500kg，磷酸二铵 25~30kg 和硫酸钾 25~30kg。做垄后，及时覆盖地膜，增温保墒。地势低洼，排水不良，潮湿多雨的地区应采用高畦或垄栽，并挖排水沟。地势较高，气候干燥的地区，应采用平畦，以利于灌溉。在北方除干旱地区或干旱季节栽培，一般多行垄作，灌溉与排水方便，利于防病，防止倒伏。

四、定植

定植前 20~30d 扣棚膜提升地温，一般比定植前 2~4d 扣棚膜的提高地温 2~3℃，对发棵和开花坐果有明显的促进作用。但是提早扣膜应注意使棚膜密闭性强，压膜牢固，防止风灾。

茄子是以采收嫩果为栽培目的，结果习性又很有规律，因此在一定的时期内依靠增加单株结果数及增加单果重来提高产量受到很大的限制，所以增加单位面积株数是提高单产的主要途径。生产上常采取加大行距，缩小株距的方法，实行宽行（垄）密植。这不仅能够降低群体内的消光程度，改善通风透光条件，还能降低因绵疫病等病害而造成的烂果现象。

适宜的定植密度应依品种，土壤肥力，气候条件等灵活掌握。早熟品种每 667m² 栽植 3 000~3 500 株，中、晚熟品种每 667m² 栽植 500~3 000 株。定植时间应在冷尾暖头的天气进行，秧苗应分级分区定植。定植时采用开沟或挖穴暗水稳苗方法，避免畦面浇大水降低地温，延迟缓苗发棵。尽管茄子具有深根性，但栽植不宜过深，以防深层土壤地温偏低影响发根缓苗，一般以子叶与畦面相平为宜，待发棵中期培土来满足其深根性。

五、棚内管理

（一）温度管理

定植后不通风或少通风，白天气温保持 28~30℃，夜间 15~

18℃，以利提高地温，促进缓苗。缓苗后到开花结果期，白天气温以 25~28℃ 为宜，夜间 15℃ 以上，土温保持 15~20℃。5 月当外界气温稳定在 15℃ 以上时，要昼夜通风降湿。5 月下旬至 6 月上旬，外界气温显著升高，可撤膜变成露地栽培，而且有利于提高果实品质。

（二）肥水管理

茄子定植时应浇足定植水，一般只有定植水浇的少，或土壤保水力差出现缺水现象时，才需在缓苗期补水，条件允许可实行膜下灌水，以降低棚内湿度。当茄苗心叶展开，表现出开始生长的姿态时，说明植株已缓苗，缓苗后如土壤干旱，可以浇一次缓苗水，但是水量不宜过大，缓苗水后控水蹲苗。蹲苗期不宜过长，门茄瞪眼期结束蹲苗。瞪眼期标志植株进入旺盛生长期，应保持土壤田间最大持水量 80% 为好。果实的发育受土壤水分的影响，土壤水分充足时，果实发育正常；水分缺乏时，果实变短。水分对果实长度的影响大于粗度的影响。因此，正常情况下可以根据某一品种果形变化的观察，判断土壤水分的余缺。对茄和四母斗茄子迅速膨大时，对肥水的需求达到高峰，应每隔 5~6d 灌 1 次水，要加强通风排湿，减少棚内结露。进入雨季注意排水防涝，增加土壤透气性，防止沤根和烂果。

一般在门茄瞪眼时开始追肥，以后每隔 20d 左右追一次，以氮肥为主，若底肥中磷钾肥不足，可适当配合追施磷钾复合肥。一般每 667m² 每次施用尿素 10~15kg。在果实膨大间可叶面喷洒尿素和磷酸二氢钾各 0.3%~0.5% 的混合液肥 2~3 次，促进果实膨大。

（三）植株调整

茄子生长势强，生长期长，适当进行植株调整，有利于形成良好的个体与群体结构，改善通风透光条件，提高光合效率。由于茄子植株的枝条生长及开花结果习性相当规则，其调整方式相对较简单。目前多采用双干整枝（V 形整枝），即在对茄形成后，剪去两个向外的侧枝，只留两个向上的双干，打掉其他所有的侧枝。

　　在整枝的同时，可摘除一部分下部老叶、病叶。适度摘叶可以减少落花，减少果实腐烂，促进果实着色。但不能盲目或过度摘叶，因为茄子的果实产量与叶面积的大小有密切的关系。尤其不能把功能叶摘去，否则将会造成整枝营养不良而早衰。一般只是摘除一部分衰老的枯黄叶和病虫害严重的叶片，摘除的方法是：当对茄直径长到 3~4cm 时，摘除门茄下部的老叶；当四母斗茄直径长到3~4cm 时，又摘除对茄下部老叶，以后一般不再摘叶。

六、采收

　　门茄适当早收，以免影响植抹生长和后期结果，对茄及后期果实达到商品成熟即可收获。

第六章 瓜类蔬菜

第一节 黄瓜

一、品种选择

早春栽培和冬季栽培应选耐寒、早熟和抗病品种。如中农系列、津杂系列、农大 12 号、碧春、津春系、津美 1 号、津优系列；设施秋延后栽培的品种有：中农 8 号、京旭 2 号、农大秋棚 1 号、津杂 3 号、津春系列、津优系列；夏秋露地栽培的津研 4 号、长春密刺、春香黄瓜、津杂 2 号、津研 7 号、津优 1 号、济杂 1 号、新泰密刺等。种子用量：优质种子 250g 左右。

二、育苗

（一）种子处理

温汤浸种：将选好的黄瓜种子放入种子体积 5~6 倍 55℃热水中不断搅动，随时补充温水保持 10min，然后不断搅动至水温降到 30℃时停止搅动，再浸泡 4~6h，捞出用湿布包好，清水冲洗干净。

也可使用药剂浸种：先将种子用清水浸泡 5~6h，捞出放入 1 000 倍高锰酸钾液中消毒 30min 左右，捞出用湿布包好，清水冲洗干净。

将处理后的种子放在多层湿布或湿毛巾中，在 25~30℃环境中催芽 1~2d，每天用清水冲洗 1 次，待 75% 的种子开始露白时即可播种。有条件的地方可使用恒温箱催芽。

（二）育苗

育苗可采用冷床育苗和温床育苗。为了移栽时更好地保护根系，通常采用营养块、营养钵等方式进行育苗。

选排灌方便、3 年以上未种植过葫芦科作物、土壤疏松肥沃的地块制作苗床。苗床宽 1.2m 左右。将苗床中的肥土过筛，与充分腐熟的优质有机肥按 1：1 的比例，再加入少量复合肥混合均匀，配制成营养土装钵或制作营养块。有塑料大棚的可在大棚中育苗。

（三）播种

每钵或每块播种 1 粒。播种后覆盖 1~1.5cm 厚的营养土，浇透水，覆地膜和棚膜保湿增温。病害严重的地方可先浇透水再播种，然后覆盖湿润的消毒营养土。

（四）苗期管理

早春育苗一般苗床温度偏低，注意控制浇水，避免降低床温和引起幼苗徒长。在不影响幼苗正常生长的前提下，适当干些，不宜过湿，以提高苗的素质。必须浇水的应选择晴天上午进行。第 1 片真叶展开后，昼温应保持 25~30℃，夜温保持 13~17℃，以促进雌花分化；夜温超过 18℃就不利于雌花分化。早春育苗，低温、短日有利于促进雌花分化，弱光不利于生长，注意保持塑料薄膜的透光性，增加光照。

早春栽培的育苗与栽培环境差异大，为使幼苗定植后适应环境，在定植前 7~10d 进行炼苗。主要是逐步降温、加强通风、增加光照，昼温保持 20~25℃，夜温保持 10℃以上，不受霜冻为准，在叶片不萎蔫前提下不浇水等。

三、定植

黄瓜多采用高畦栽培。定植前结合整地，施入备好的肥料，翻耕做畦，耙平覆地膜。也可在做畦后，开沟施肥，耙平覆膜。畦宽120cm 左右（连沟），沟深 20~25cm。

早春栽培一般在日平均温度和土温在 15℃以上或晚霜终止前定植。黄瓜支架栽培可增加叶面积，提高光能利用。栽植密度因地区、品种而异。支架栽培每畦 2 行，株距 22~33cm。也可加大穴距，每穴定植 2 株。以 667m² 种植 3 500~5 000 株为宜。主蔓结果品种稍密，主、侧蔓结果品种稍稀，早熟品种稍密、中晚熟品种稍稀。定植前 1~2d，将苗床浇透水，以利起苗。选叶片肥厚平展的壮苗于晴天下午或阴天定植，起苗时尽量保护好营养块，淘汰病苗、弱苗。用小土铲或小锄头挖穴栽苗，深度以覆土刚好盖住营养块，并用细土将地膜压实。栽完后及时浇定根水。

四、定植后管理

（一）肥水管理

塑料大棚栽培黄瓜，定植后 7~10d 内密闭棚膜保温，棚温不超过 30℃ 不通风降温。坐果前要适当控水，促根系生长和花芽分化。

黄瓜的施肥以基肥为主，约占总施肥量的 2/3，追肥为辅，占1/3。黄瓜喜肥但不耐肥，施肥过浓易发生烂根现象，因此黄瓜生长期间的施肥宜分次薄施，着重开花结果期施用，可在开花以后，每隔 10d 左右，施用复合肥 10~15kg，盛果期增至 15~20kg，每采收 2 次，追肥 1 次。雨天宜干施，晴天可湿施、沟施或穴施，施后覆土。盛果期还可用 0.3%~0.5%浓度的尿素、磷酸二氢钾等混合液进行根外追肥。

黄瓜需水量大，但对土壤湿度敏感，土壤不宜过湿。长江流域及其以南各地，雨量充足又常采取湿施肥料，因此，基本上已满足黄瓜对水分需要。除定植后需浇水促返青外，坐果前应适当控制水分，促进根系和花芽分化，防茎叶徒长。结果期要增加浇水量和浇水次数，促瓜果膨大。结果期间应保持土壤相对湿度 70%~80%。

（二）搭架整枝

黄瓜卷须的缠绕能力差，需人工绑蔓。当黄瓜开始抽蔓时，要及时搭支架绑蔓，避免瓜蔓缠绕。支架大多采用竹竿、木棍搭成"人"字形，抗风耐压。绑蔓可使蔓分布均匀，改善受光条件，一般每隔 3~4 个节绑蔓一次。绑蔓不宜过紧，只要藤蔓不往下滑就行，以免影响生长。绑蔓应选在晴天下午进行，注意防止折断瓜蔓。

大棚栽培的黄瓜，为了减少遮阴，节省架材及充分利用空间，可用塑料绳引蔓。即在大棚骨架上顺栽植行向每行拉一根铁丝，按穴距由上至下系一根吊绳连接在黄瓜根茎部，用木桩等固定。引蔓时，按逆时针方向转动藤蔓，用塑料绳缠绕拉伸即可。

选留 2~3 条侧蔓，其余侧蔓留结 1~2 个瓜后留 2 叶摘心。选留侧蔓在藤蔓长满架竿或快要接触棚膜时进行打顶，打破顶端优势，控藤促瓜，促进下部翻花结瓜，多结"回头瓜"。中后期根据生长情况摘除基部黄叶、病叶等，减少营养消耗，改善通风透光条件。

五、病虫害防治

黄瓜主要病虫害有霜霉病、疫病、枯萎病、白粉病、炭疽病等，在高温多雨季节极易发生。虫害主要有黄守瓜、蚜虫、红蜘蛛。

在防治上，应采取综合防治，主要是选用抗病品种，无病种子，实行 3 年以上轮作，实施种子消毒，清洁田园，以减少病菌来源；加强肥水管理，注意氮、磷、钾肥合理搭配，适当增施磷、钾肥, 提高植株抗病能力; 也可采用抗病砧木嫁接幼苗, 防止土壤传染性病害侵染。

霜霉病可用 75% 百菌清可湿性粉剂 600 倍液, 或 70% 代森锰锌可湿性粉剂 500 倍液, 或 72% 克露可湿性粉剂 600~800 倍液交替使用; 疫病可采用 75% 百菌清 600 倍液, 或 25% 瑞毒霉可湿性粉剂 800 倍液, 或 58% 甲霜灵·锰锌可湿性粉剂 500 倍液; 白粉病用 25% 粉锈灵可湿性粉剂 1 500 倍液, 或 70% 甲基托布津 1 000 倍液喷洒; 枯萎病用 50% 多菌灵可湿性粉剂 600 倍液, 或 15% 恶霜灵水剂 450 倍液灌根; 炭疽病可用 50% 炭疽福美双可湿性粉剂 800 倍液, 或 70% 代森锰锌可湿性粉剂 500 倍液喷洒。

防治黄守瓜幼虫为害根部用 90% 敌百虫 1 000 倍液灌根, 或 0.5% 虫螨立克乳油 2 000~3 000 倍液进行喷雾; 蚜虫用 5.7% 百树得乳油 3 000 倍液喷洒; 红蜘蛛用 0.9% 集琦虫螨克乳油 1 500~2 000 倍液喷洒。

六、采收

黄瓜必须适时采收嫩果。采收标准是瓜条大小适宜, 粗细匀称, 花冠尚存带刺, 脆嫩多汁, 已具有该品种应有的果型、果色和风味。头瓜要适当提早采收, 以促进以后嫩瓜的发育膨大。结果初期每隔 2~3d 采收 1 次, 盛果期每天早晨采收 1 次。

第二节　西瓜

一、品种选择

露地直播西瓜主要是中晚熟品种, 设施栽培主要选用早熟品种。早熟品种有早佳、京欣、郑杂 5 号、抗病苏蜜、圳宝等, 中晚熟品种有聚宝 1 号、浙蜜 3 号、皖杂 1 号、新红宝、金钟冠尤等。

种子用量：小籽粒西瓜干种子 50~75g，大籽粒西瓜干种子 100~150g。

二、育苗

（一）种子处理

温汤浸种：将选好的西瓜种子放入种子体积 5~6 倍的 55℃热水中不断搅动，随时补充温水保持 15min，然后放到清水中浸泡 24h，捞出清水冲洗干净。

药剂浸种：使用福尔马林（40%甲醛）100 倍溶液浸种 30min，捞出用湿布包好，清水冲洗干净。

将处理后的种子放在容器中，注意采取加盖湿毛巾或湿布等保湿措施，在 30~35℃环境中催芽 2~3d，每天用清水冲洗 1 次，待 75%的种子开始露白时即可播种。有条件的地方可使用恒温箱催芽。

（二）育苗

除露地直播外，西瓜设施栽培应用温床育苗。用营养块、营养钵等方式进行育苗，以便移栽时更好地保护根系。

选排灌方便，3 年以上未种植过葫芦科作物、土壤疏松肥沃的地块制作苗床。苗床宽 1.2m 左右。将苗床中的肥土过筛，与充分腐熟的优质有机肥按 1:1 的比例，再加入少量复合肥混合均匀，配制成营养土装钵或制作营养块。有塑料大棚的可在大棚中育苗。

（三）播种

选晴天播种，苗床排放营养钵罐要求平紧，种子平放，芽向下，每钵或每块播种 1~2 粒。播种后覆盖 1~1.5cm 厚的营养土，浇透水，覆地膜和棚膜保湿增温。病害严重的地方可先浇透水再播种，然后覆盖湿润的消毒营养土。

(四) 苗期管理

出苗前密闭棚膜保温保湿，促进种子发芽出土，但要防止高温烧坏种子，苗床适温为 30~35℃。苗床前期控制温度和湿度，以减少猝倒病的发生和高脚苗的出现。随通风量增加，土壤蒸发加大，应注意浇水，但以不降低土温为原则，并防止空气湿度过高。多数种子拱土时揭开地膜并通风降温，日温 20~25℃，夜温 16~18℃，防胚轴伸长。第 1 片真叶出现后升温促进生长，日温 25~28℃，夜温 18~20℃。在温度许可情况下通风，增加光照时间和强度，栽植前 4~5d 降温锻炼，提高适应性。

三、定植

定植前结合整地，施入备好的有机肥和复合肥，翻耕做畦，耙平覆地膜。也可在做畦后，开沟施肥（肥料不足的还可采用挖穴施肥），耙平覆膜。塑料大棚栽培的畦宽 2m（连沟），沟深 25~30cm。4m 棚做畦 2 个，6m 棚做畦 3 个。露地栽培和小拱棚栽培做畦时可根据实际情况进行调整。

春季栽培一般在日平均温度和土温在 15℃ 以上或晚霜终止前定植。定植苗以具有 2~4 片真叶的大苗定植为宜。每畦 1 行，株距 40~80cm。各地定植密度因当地气候条件、品种、整枝方式、栽培目的及管理水平而异。通常每 667m² 栽 400~800 株。中晚熟品种或长势强的品种比早熟品种或长势弱的品种适当稀植；早熟品种不整枝比整枝的稀植；双蔓整枝比单蔓整枝的稀植；小果型品种密植，大果型适当稀植。

定植前 1~2d，将苗床浇透水，以利起苗。选叶片肥厚平展的壮苗于晴天下午或阴天定植，起苗时尽量保护好营养块，淘汰病苗、弱苗。用小土铲或小锄头挖穴栽苗，深度以覆土刚好盖住营养块，并用细土将地膜压实。栽完后及时浇定根水。

四、定植后管理

（一）肥水管理

西瓜对钾吸收最多，氮其次，磷最少，氮、磷、钾的比例约为
3:1:4。南方地区施肥次数较多，施用稀薄腐熟的人粪尿，每次
用量为 200~700kg/667m²，施肥量前少后多，施肥浓度前稀后浓。
抽蔓前可进行 2~3 次施肥，加入 10~15kg 过磷酸钙一起施用。抽
蔓时既可施人粪尿，也可在畦面距苗约 50cm 处沟施菜籽饼或腐熟
的鸡鸭粪。坐果期在幼果鸡蛋大时，每 667m² 施尿素或复合肥 10~
20kg，以后可酌情增施 1~2 次追肥。地膜覆盖栽培西瓜可采用破膜
穴施，施后覆土。主要施用腐熟人粪尿加复合肥和过磷酸钙。

生长前期幼苗的需水量不大，通常不需单独浇水，只需浇施稀
人粪尿。随着生长加速，在注意排水的同时适当酌情浇水。抽蔓期
需水量增加，果实膨大期需要大量的水分，应据土壤含水量及植株
长势及时浇水。长江中下游一带的西瓜生育后期进入旱季，常补充
浇水。浇水方法可利用排水沟进行沟灌，但要掌握灌溉水不漫过畦
面，水停留时间不宜太长，在傍晚或夜间地凉、水凉时进行，避免
高温伤根。黏土渗水性差，可用灌水泼浇。地膜覆盖栽培时要灌透
底水，苗期控水不浇，抽蔓期继续以控为主，过旱时在沟畦内灌小
水补充，在果实膨大期可以浸灌，亦可破膜灌水。

露地直播西瓜，在苗期一般要中耕 6~7 次。移栽定植的瓜苗，
中耕次数可以减少，一般 3~5 次。

（二）植株调整

包括整枝、压蔓、促进结果、果实管理，旨在调节植株生长结
果，提高果实品质。整枝方式分单蔓、双蔓、三蔓、多蔓。方法是
当主蔓长约 50cm 基部发生侧枝时，摘除部分侧枝，双蔓式留 1 侧
蔓，三蔓式留 2 侧蔓，多蔓式留 3~4 侧蔓与主蔓平行生长。双蔓式

用于早熟栽培，三蔓式是露地栽培常用的整枝方式，多蔓式用于长势旺品种稀植栽培。多蔓式可保留主蔓，亦可于6叶期摘心，侧枝长势平衡，有利结果。整枝强度，以轻整为宜，及时分次进行，坐果后不再整枝。压蔓是合理均匀分布瓜蔓，促进不定根发生，控制植株长势。长势强的蔓在坐瓜后的4~5叶处将瓜蔓轻轻拧半圈，拧到瓜蔓出汁为止，在拧蔓处压住。也可在瓜长到鸡蛋大小时，在坐瓜以后的茎蔓重压，抑制其生长。压蔓主要在抽蔓以后进行，间隔4~5叶压1次，共压蔓2~3次。轻压留瓜节位到根部一段瓜蔓，重压坐瓜节位到蔓前端的瓜蔓，使养分向瓜内运输。压蔓宜在午后进行，避免茎蔓损伤。坐瓜后停止压蔓。

坐果节位对果型大小与产量有直接关系，要注意选择坐果节位。早熟栽培选主、侧蔓第2~3雌花为宜，露地栽培选主蔓第3雌花、侧蔓第2雌花。多蔓整枝选主、侧蔓第3~4雌花。地膜下直播栽培的，坐果节位应高；春季露地栽培的，坐果节位应高；夏季露地栽培的，坐果节位可低。

坐果节雌花开放时人工辅助授粉。在设施栽培时或南方露地栽培开花盛期正遇梅雨季节时以及植株生长势旺难以坐瓜时都需人工授粉。其方法是将开放的雄花摘除花瓣，将花粉轻轻涂抹在开花的雌花柱头上，每朵雄花可授1~2朵雌花。人工授粉最好在晴天上午10点以前，促进坐果。

果实管理是选果、疏果、垫瓜、翻瓜，以保护果实正常生长。早熟品种选主蔓上第2雌花坐的瓜，中晚熟品种选主蔓上第3雌花所结的瓜。如果主蔓上没坐住瓜，再选子蔓上同期出现的雌花坐瓜。中小型品种一般每株留2~4个，大果型品种留1~2个。但同一时期，1株只能留1瓜。留2个以上的瓜，宜等第1瓜快成熟时，再留第2瓜，第2瓜快成熟时，再留第3瓜。留瓜注意选择个大、形状正、花柄粗直、子房富有茸毛的花。翻瓜是在果实成熟初期，选晴天16时以后，翻动西瓜，切忌用力过猛或翻转角度太大，每次翻转方向相同。先后共翻2~3次，每次间隔3~5d。翻瓜后，可使果皮着色一致，成熟度均匀。西瓜要成熟时，将长形瓜顺着蔓竖立起来。底下垫上草圈，促进果形端正。

五、病虫害防治

西瓜的病虫害与黄瓜的相似。病害主要有霜霉病、疫病、枯萎病、白粉病、炭疽病等，虫害主要有黄守瓜、蚜虫、红蜘蛛。

在防治上，应采取综合防治，选用抗病品种，无病种子，实行3年以上轮作，实施种子消毒，清洁田园，以减少病菌来源；加强肥水管理，注意平衡施肥，适当增施磷、钾肥，提高植株抗病能力；也可采用抗病砧木嫁接幼苗，防止土壤传染性病害侵染。

对病虫害的药剂防治可参考黄瓜病虫害的防治方法。

六、采收

正确掌握果实的成熟度，适时采收。适度成熟果实瓤色好，多汁味甜；生瓜品质低劣，过熟肉质软绵，食味下降。判断果实成熟度方法：一是雌花开放后天数，一般早熟品种28~30d，中熟品种32~35d，晚熟品种35d以上。二是果柄茸毛脱落稀疏为成熟果，同节卷须枯萎1/2为熟瓜。这因植株长势强弱而存在差异。三是果实表面纹理清晰，果皮具有光滑感，着地面底色呈深黄色，果脐向内凹陷，果洼处收缩，均为成熟形态特征。四是以手托瓜，拍打发出浊音为熟瓜，发出清脆音的为未熟瓜。五是比重法，把果实放于水中，下沉为生瓜，上浮的过熟，略浮于水面为适熟瓜。以上判断方法应综合考察，很多时候需凭经验掌握。

采收时，对成熟度要求不严格的品种可适当早收。当地销售的瓜掌握成熟度在90%以上，外销的瓜则掌握在7~8成熟。采收最好在晴天上午进行，但皮薄易裂的品种则应在傍晚采收。

第三节　冬瓜

一、品种选择

生产上可选用南京狮子头、江西早冬瓜、广东盒冬瓜等早熟类型的品种，上海小青皮、成都大冬瓜等中熟类型的品种及湖南粉皮、南昌扬子洲、广东青皮、广东黑皮等晚熟类型的品种。

二、育苗

（一）种子处理

冬瓜种子种皮厚而硬，不易吸水，可采用热水烫种。方法是将选好的冬瓜种子放入种子体积5~6倍的70~75℃（有的水温还更高一些）热水中不断搅动，至水温降到40℃时停止搅动，再浸泡10~12h，捞出后清水冲洗干净。

将处理后的种子放在容器中，注意采用加盖湿毛巾或湿布等保湿措施，在28~30℃环境中催芽2~3d，每天用清水冲洗1次，待75%的种子开始露白时即可播种。有条件的地方可使用恒温箱催芽。

（二）育苗场地准备

冬瓜栽培直播与育苗均可。为了节省种子，延长生长季节，提高产量等，以育苗为宜。育苗通常采用冷床育苗。移栽时为了更好地保护根系，通常采用营养块、营养钵等方式进行育苗。

选排灌方便、3年以上未种植过葫芦科作物、土壤疏松肥沃的地块制作苗床。苗床宽1.2m左右。将苗床中的肥土过筛，与充分腐熟的优质有机肥按1:1的比例，再加入1%~2%复合肥混合均匀，配制成营养土装钵或制作营养块。

（三）播种

每钵或每块播种 1 粒。播种后覆盖 1~1.5cm 厚的营养土，浇透水，覆地膜和棚膜保湿增温。病害严重的地方可先浇透水再播种，然后覆盖湿润的消毒营养土。

（四）苗期管理

冬瓜顶土时要及时揭去覆盖的地膜。种子发芽至子叶开展，日温保持 30~35℃，并保持湿润。子叶开展至 2 片真叶展开，需降低湿度，日温 26~28℃，夜温 10~13℃，如温度过高，通风降温。这一时期要防止幼苗徒长。2 片真叶展开至 4~5 片真叶展开时，可控制水分，降低日温至 22~26℃，夜温 10~15℃。逐步延长炼苗时间，提高幼苗适应能力。生长温度适宜，则幼苗叶色青绿，肥厚，下胚轴短。温度过高，则幼苗叶薄，色黄绿，下胚轴伸长。若温度低，则生长缓慢，叶缘下垂，叶黄绿色。管理上要注意要根据幼苗的形态变化调控温度。

夏季育苗，气温常超过冬瓜幼苗的生长需要，加上空气相对湿度较高，容易徒长以致发生病害。应采取遮阳网或塑料薄膜等遮光、降温、防湿等措施。

三、定植

冬瓜根系不耐涝，应采用高畦深沟栽培。定植前结合耕翻整地，将准备好的肥料一次性全部施入，耙平做高畦。做畦时中间略高呈弧形，避免畦上积水。畦宽 1.5~2m（连沟），沟深 20~25cm。

冬瓜栽培可分地冬瓜、棚冬瓜和架冬瓜三种。地冬瓜植株爬地生长，单位面积株数较少，管理较粗放，节省棚架材料，产量较低。棚冬瓜有高棚与矮棚，用竹木搭棚。高棚如湖南的平棚和广东的鼓架平棚，棚高 1.7~2m。矮棚在厦门和广东潮汕等沿海地区广泛采用，棚高 0.7~1m。棚冬瓜的坐果和单果重都比地冬瓜好，产量比地冬瓜高，但不利于密植和间套作，且搭棚材料多，成本高。架冬瓜支架的形式有湖南长沙郊区的"一条龙"、广东的"三星鼓架龙根"或"四星鼓架龙根"、上海郊区"人字架"等。架冬瓜结合植株调整，空间利用较好，有利于密植。同时也适于间套作，增加复种指数。架冬瓜比棚冬瓜节省材料，成本低，是三种栽培方式中较为科学合理的一种栽培方式。

冬瓜幼苗从子叶开展至 5~6 真叶展开均可移植。栽植密度因品种、栽培方式与栽培季节等而异，同时还应考虑冬瓜的用途、消费习惯需要、土壤肥力和技术水平等。一般小果型品种的果实较小，每株结果 2~3 个，应增加密度提高产量，搭架栽培每 667m² 栽植 700~1 300 株；中果型和大果型品种，特别是大果型品种，一般每株只留 1 个果实，如广东青皮冬瓜搭架栽培，每 667m² 栽植 300~600 株。

四、定植后管理

（一）肥水管理

冬瓜生长期长，产量高，要求较多的肥水。尤其进入抽蔓、开花结果期后，必须提供大量的养分及水分。冬瓜施肥应氮、磷、钾齐全，其中对钾的吸收最多，氮次之，磷最少。对钙的吸收比钾和氮少而比磷和镁多，镁的吸收比氮、磷、钾和钙都少。冬瓜施肥主要以有机肥为主，无机肥为辅；以基肥为主，苗期追施稀薄粪水保苗，当初瓜已达 1.0~1.5kg 时，要攻肥水，促进果实发育。偏施氮肥会引起茎叶徒长，甚至影响坐果，而坐果后氮肥过多，又会引起果实绵腐病。施用猪、牛粪等腐熟厩肥或人粪尿等，其果实肉厚，味甜，耐贮；偏施矿质速效的氮肥，其果实肉薄，味淡，不耐贮。

冬瓜需水量大，但不耐涝。幼苗期和抽蔓期根系尚不发达，如天气干燥，土壤温度低，可酌情灌溉。抽蔓期以后，根系强大，吸收能力较强，一般靠根系自身吸水能力，也能满足植株的水分需要。采用高畦栽培，可在畦沟贮水，但应保持畦面 20cm 以下的水位，降水前后注意排水。结果后期特别是采收之前避免水分过多，防止绵腐病发生，降低品质，不耐贮藏。

（二）植株调整

植株调整因栽培方式而定。地冬瓜一般利用主蔓和侧蔓坐果，可以在主蔓基部选留 1~2 枚强壮侧蔓，摘除其他侧蔓，坐果后侧蔓让其任意生长；也可以主蔓坐果前摘除全部侧蔓，坐果后让侧蔓任意生长。棚架冬瓜一般利用主蔓坐果 1 个，在主蔓坐果前后摘除全部侧蔓，或者坐果前摘除侧蔓，坐果后选留若干枚侧蔓。主蔓摘心或不摘心均可。

引蔓使瓜蔓均匀分布，充分利用阳光，并有适当位置坐果。地冬瓜主蔓往同一方向引蔓，侧蔓向两边引。矮棚冬瓜两边各种 1 行，主蔓坐果前摘除侧蔓，在地面留 10 余节，然后引蔓上棚，各向对方引蔓。主蔓坐果后，让侧蔓均匀分布棚上。高棚冬瓜主蔓在地面留 15 节左右，坐果前接除侧蔓，主蔓沿支柱引蔓上棚，坐果后侧蔓在棚面均匀分布。一条龙架式冬瓜，多摘除全部侧蔓，主蔓在地面留 15 节左右，然后沿支柱向上引蔓，上横竹（离地 1.3m 左右）前后坐果，瓜蔓在横竹向同一方向旋转引蔓。鼓架冬瓜，一般一株一架，引蔓方法同一条龙。一般都在鼓架上部至横竹之间坐果，这样可利用叶片保护果实，避免阳光灼伤。

瓜蔓在地面生长时，应注意压蔓。瓜蔓上棚架以后，要利用卷须缠绕棚架，使瓜蔓定向生长，上午的瓜蔓含水分多，容易折断，因此，摘蔓、引蔓宜在下午进行。

（三）坐果与护果

阴雨天辅以人工授粉促进坐果。小果型品种的果实较小，为提高产量宜多坐果。中果型和大果品种为提高产量，应在适当密植的基础上争取结大果。为了获得大果，坐果节位是关键。研究表明，广东青皮品种以主蔓上第 29~35 节坐果的果实最大，第 23~28 节坐果的果实其次，第 17~21 节坐果的果实再次，第 36~44 节坐果的果实最小。在主蔓第 23~35 节坐果，坐果后第 15~20 节摘心，这样在坐果都有较好的营养生长系统，保证果实的良好发育。

冬瓜坐果期间，正值炎热季节，如果果实暴露在阳光下，容易灼伤。另外，冬瓜果实大，果实达到一定重量时容易断落。要注意在适当的位置坐果，并且当果实长至 4~5kg 时便应套（或吊）瓜，避免果实断落。地冬瓜和矮棚冬瓜的果实与地面接触，容易引起病害，导致烂瓜，可用作较柔软的秸秆等物垫底，并适当翻动果实。对暴露在阳光直射的果实，可用作物秸秆、蕉叶等遮盖。

五、病虫害防治

冬瓜主要病虫害与其他瓜类的相似，防治方法可参考黄瓜病虫害的防治。

六、采收

冬瓜的嫩果和成熟果实均可食用，一般采收成熟果实。充分成熟的果实，产量高，品质好。小果型品种的果实从开花至商品成熟需 21~28d，至生理成熟需 35d 左右，采收标准不严格，能够达到实用标准即可采收；大果型品种自开花至果实成熟需 35d 以上，一般为 40~50d，生理成熟后采收。

第四节　甜瓜

一、品种选择

薄皮甜瓜：栽培品种有梨瓜、黄金瓜、华南 108、海冬青、丰乐 1 号、青州银瓜、懒瓜、龙甜 1 号、齐甜 1 号等。

厚皮甜瓜：栽培品种有黄旦子、白兰瓜、红心脆、皇后、黑眉毛、蜜极甘、伊丽莎白（极早熟）、天子（早熟）、玉金香、玛丽娜、若人、夏龙、蜜世界、蜜露、白兰瓜、哈密瓜、兰甜 5 号。

设施栽培的品种主要由日本及我国台湾引进伊丽沙白、古拉巴、西莫洛托、玉露、状元等，国内育成的维多利亚、冀密 1 号等。

每 667m² 大田需种子 80~100g。

二、育苗

（一）种子处理

播种前用 55~60℃ 的温水烫种 10~15min，然后在室温下浸泡 3~4h，洗净后在 28~32℃ 条件下催芽 17~20h，待种子露芽即可播种。

（二）育苗场地准备

甜瓜栽培直播与育苗均可。温床育苗。通常采用营养块、营养钵等方式育苗。选排灌方便、3 年以上未种植过葫芦科作物、土壤疏松肥沃的地块制作苗床。苗床宽 1.2m 左右。将苗床中的肥土过筛，与充分腐熟的优质有机肥按 1∶1 的比例，再加入 1%~2% 复合肥混合均匀，配制成营养土装钵或制作营养块。

（三）播种

每钵或每块播种 1 粒。播种后覆盖 1~1.5cm 厚的营养土，浇透水，覆地膜和棚膜保湿增温。病害严重的地方可先浇透水再播种，然后覆盖湿润的消毒营养土。

（四）苗期管理

播后保持床温 30℃ 左右，3~4d 即可拱土，幼苗拱土时揭开地膜。出苗后，夜间要在小拱棚上加盖草毡等保温，白天揭开草毡，使幼苗见光绿化。待子叶展开后，保持床温白天 25～30℃，夜晚 15～18℃，发根后适当降温。苗龄 30～35d，具 3～4 片真叶时即可定植。

三、定植

定植前结合耕翻整地，将准备好的肥料一次性全部施入，耙平做高畦。畦宽 1m 左右，沟宽约 40cm，沟深 25～30cm。做畦后覆盖地膜。

厚皮甜瓜幼苗长至 3～4 片真叶时即可定植。一般在 3 月中下旬，地温稳定在 15℃以上定植。每畦定植 2 行，采用单蔓整枝的，株距 50～60cm，每 667m² 定植 1 600～1 800 株。采用双蔓整枝的，株距约 80cm，每 667m² 定植 900～1 100 株。用小土铲或小锄头挖穴破膜栽苗，深度以覆土刚好盖住营养块，并用细土将地膜压实。栽完后及时浇定根水。

薄皮甜瓜大都为露地或简易小拱棚栽培。采用高畦栽培，畦宽 2m，种植密度因品种而异。一般每 667m² 定植 1 000～1 500 株。

四、定植后管理

（一）肥水管理

厚皮甜瓜设施栽培以基肥为主，追肥 1～2 次。第 1 次在开花前 4～5d，第 2 次在果实膨大后期。生长后期根系吸收力衰退，可用氮 5%、磷 3%、钾 3%及硼、锰、锌 0.2%溶液根外喷施。厚皮甜瓜对水分条件要求严格，定植时浇定根水促进成活，活棵则控水，然后结合生育增加水量。在授粉前应控水，果实膨大期（网纹品种出现网纹时），则增加水量，成熟期注意控水，以提高品质和耐贮性。空气湿度控制在 50%～70%，为了有效降低空气湿度，应用地膜全畦覆盖，采用高畦沟灌，有条件的地方可采用滴灌，不宜漫灌，避免高湿环境下植株徒长、发生病害。注意辅以人工授粉，促进坐果。

薄皮甜瓜苗期施 2~3 次淡肥，中耕松土促进根系生长。抽蔓后在定植沟的两侧培土 1 次。坐果后在株间每 667m² 施氮、磷、钾复合肥 15~20kg 或尿素 10~15kg。如多次留果应增加施肥次数和施肥量。为了避免果实直接接触地面，可在引蔓时全田铺草，防止烂瓜。还可在适当的时期翻瓜一次，调整果实向阳面，使果实着色和风味一致，更好地保证果实的品质。

（二）植株调整

甜瓜以子蔓、孙蔓结果为主。通常行摘心，促进分枝和雌花形成，整枝方式分单蔓、双蔓。单蔓整枝摘除 10 节以下子蔓，以 10~15 节子蔓结果，有结实花子蔓留 2 叶摘心，无结实花子蔓自基部剪除，主蔓 25 节摘心。双蔓整枝 3 叶摘心，留二子蔓平行生长，摘除子蔓 10 节以下孙蔓，选 10~15 节孙蔓结果，具结实花蔓留 2 叶摘心，无结实花蔓自基部摘除，子蔓 20 节后摘心。整枝应掌握前紧后松。单蔓结果少，但容易控制，果型大，种植密度增加 1 倍，产量增加。

大棚厚皮甜瓜，当幼苗长至 20cm、发生卷须时，需立架或吊蔓，使植株向上直立生长。同时每隔 3~4 节要进行缚蔓，缚蔓以晴天下午进行为宜。当 10~15 节子蔓的幼果似鸡蛋大时进行疏果定瓜。选果形端正、膨大迅速的幼果留下，一般大果型品种留 1 个，小果型品种留 2 个为宜。当果实长至 250g 左右时，要及时进行吊瓜，以免瓜蔓折断和果实脱落。吊瓜可用软绳或塑料绳缚住瓜柄基部将侧枝吊起，使结果枝呈水平状态，然后将绳固定在大棚杆或支架上。

薄皮甜瓜整枝方法因地区而异。南方通常在主蔓 10~12 叶摘心，促进子蔓和雌花形成，提早结果。以后在枝叶茂密处适当疏枝，减轻病害，提高坐果。亦有在 4~5 叶摘心，留 3~4 子蔓，子蔓 2~3 叶摘心，利用子蔓 1~2 节雌花结果。

五、病虫害防治

甜瓜主要病虫害与其他瓜类的相似，防治方法可参考黄瓜病虫害的防治。

六、采收

适时采收是保证质量的重要措施，应根据品种不同成熟期确定采收期。糖分达到最高点、果实未变软时及时采收。需根据果实表面变化、果实形状、果顶变软、果梗脱落等因素而定。一般早熟品种开花后 40~45d，晚熟品种开花后 50~60d，果实即可成熟。

薄皮甜瓜花后 25~30d 采收。判断成熟度的标志：一是果实具有本品种的色泽和香味；二是果实表面出现小裂纹；三是果梗离层形成，果实易脱落；四是果肉组织变软，果顶轻压发软，比重减轻。

甜瓜在采收时应留 2~3cm 果柄，防伤口感染病菌。

第七章　白菜类

第一节　秋大白菜

一、品种选择

一般选择中早熟品种，北方有北京新三号、东胶州大白菜、北京青白、天津绿、东北大矮白菜等；南方有乌金白、蚕白菜、鸡冠白、雪里青等。

二、播种

播种前结合整地，每 667m² 施优质农家肥 5 000kg，过磷酸钙 50kg，三元复合肥 30kg。整地完毕后作高垄，垄距 80cm，沟宽 30cm，高 15cm。

适期播种秋大白菜播种期一般在"立秋"前后 1~2d，即 8 月 8 日左右，过早病害较重，过晚产量降低。在垄上按株距 40cm 直播。早熟品种可以推迟到 8 月中旬到下旬播种。

三、田间管理

（一）间苗、定苗、蹲苗

间苗进行 2 次。第 1 次在幼苗拉小十字时（2 片真叶）进行，株距 3~5cm；第 2 次 4~5 片真叶时进行，株距 8~10cm。间苗时注意留壮苗，淘汰病、弱、杂苗，播种后 1 个月内需中耕 3 次，第

1~2 次中耕分别在第 1~2 次间苗后，定苗后进行第 3 次中耕。每次中耕结合锄草，做到深锄沟。浅锄背，切忌伤根。白菜长到 10 片叶时。按株距定苗。定苗后进入蹲苗期，蹲苗时间要根据天气、土质、菜苗生长情况灵活掌握，当白菜外叶变为浓绿色，叶片早晚挺立，中午出现萎蔫时结束蹲苗。一般沙壤土 7~10d，黏壤土 10~15d。

（二）追肥浇水

追肥用速效肥料。第 2 次间苗后（真叶 4~5 片）追提苗肥，在距离菜苗 8~10cm 处开沟，条施尿素 $7kg/667m^2$；蹲苗结束追莲座肥，结合培土条施或穴施尿素 $30kg/667m^2$，要求先施肥，后培土，再浇水；进入包心期，大白菜已封垄，随水每 $667m^2$ 追施尿素 5kg。为了增加产量和抗病性，可在莲座期、包心期各喷 1 次 0.3% 的磷酸二氢钾和 2% 的硫酸锌溶液。

浇水是决定大白菜能否高产的关键措施。白菜播种后浇水，要求小水浸灌，以浸透播种位为宜，防止大水漫灌冲掉种子。头水后 2~3d 浇第 2 水，4~5 片叶时结合追提苗肥浇 1 次水，以后可根据天气情况再浇 2~3 水。蹲苗期一般不浇水，使根深扎，促根群发达。蹲苗结束，结合追肥浇 2 次水要防止日晒使土地干裂、白菜断根。白菜包心期是生长最快的时候，要保持地面潮湿。视天气和土壤干湿情况，约 7d 浇 1 次水，收获前 15d 停止浇水。

四、病虫害防治

白菜主要虫害为蚜虫、菜青虫、跳甲、叶螨等；病害有软腐病、霜霉病和根肿病等。白菜苗期可用菊酯类农药 40~80mL/$667m^2$ 喷雾，防治蚜虫、跳甲、地老虎等。防治菜青虫用苏云金杆菌乳剂 $130g/667m^2$ 喷雾，隔 7d 再喷 1 次。田间发现软腐病株后立即拔除，病穴撒上石灰，用 72% 农用硫酸链霉素或新植霉素 4 000 倍液喷防，每 10d 喷 1 次，连续防治 2~3 次；用 69% 安克锰锌可湿性粉剂 600 倍液，或 50%甲霜铜可湿性粉剂 600 倍液，或 72%克露可湿性粉剂 700 倍液，或 52.5%抑快净水分散粒剂 1 500 倍液等药剂喷雾防治霜霉病，每 6~8d 喷 1 次，共喷 2~3 次；根肿病防治可在定植时，将 50%氟啶胺悬浮剂用洁净育苗土稀释 1 000 倍，药土撒施至定植穴内，每穴施用量为 10g，确保药土均匀附着在定植穴四周，也可在移栽时用 10%氰霜唑悬浮剂 800 倍液浸菜根 20min，或用 70%甲基硫菌灵可湿性粉剂、50%苯菌灵可湿性粉剂、50%克菌丹可湿性粉剂等药剂 500 倍液穴施、沟施，或药液蘸根以及药泥浆沾根后移栽大田。发病初期，选用 53%精甲霜灵·锰锌水分散粒剂 500 倍液，或 60%吡唑醚菌酯·代森联水分散粒剂 1 000 倍液，或 50%氯溴异氰尿酸可溶性粉剂 1 200 倍液灌根，每株 0.4~0.5kg，间隔 10d 施 1 次，连灌 3 次。干烧心可采用喷施 0.3%~0.5%的氯化钙或硝酸钙防治。

五、采收

大白菜最佳的收获时期一般是在 11 月中旬左右，具体时间还要根据其当地的气候变化及品种来改变时间，做到适时收获，以免收获过晚因冻害造成丰产不丰收的不良后果。

第二节　秋青花菜

一、品种选择

选择生长势强、花球形圆整、颜色深绿、耐热、抗病性强的品种，如耐寒优秀、翠光、台绿 3 号、阿波罗、青绿等。

二、育苗

青花菜适宜穴盘育苗，采用 72 孔穴盘育苗，每穴播种 1~2 粒，播后整齐摆放在苗床上。夏季育苗应注意防雨、遮阳、通风、降温、防止高脚苗，培育适龄壮苗，苗龄 25~30d。

三、定植

定植前随整地 667m² 施有机肥 5 000 kg，复合肥 100kg，做 1.2~1.4m 平畦。待幼苗长至 4~5 片真叶时定植，株距 40cm，定植前 1d 用 50% 多菌灵可湿性粉剂 800 倍液喷苗 1 次，定植时浇足水。

四、田间管理

（一）肥水管理

青花菜喜肥水，分期适时追肥、浇水是丰产的关键。青花菜需水量大，在莲座期和花球形成期要浇水，保持土壤湿润。定植后 7~10d，每 667m² 施尿素 10~15kg，或尿素 10kg、磷酸二铵 15kg，并浇水 1 次，促进植株生长，培育壮棵。进入花球形成期，每 667m² 施硫酸钾 20kg，促进花球迅速生长。花球膨大期叶面喷施 0.05%~0.1% 硼砂溶液，能提高花球质量，减少黄蕾、焦蕾的发生。顶花球采收后可适当追施 1 次薄肥，以提高侧花球产量和延长采收期，但在生长后期氮肥不可施用过多以免花球腐烂。

（二）中耕除草

在多雨时要排水降涝，防止积水。定植后至植株封行前进行松土、除草。缓苗至现蕾 30d 内中耕松土 2~3 次，并适当培土护根，松土可与追肥结合。定植后 2~3d 进行第 1 次中耕，以疏松土壤，改善通透性能，防止水分蒸发，促进青花菜根系生长发育及早缓苗，以后要根据生产实例情况进行，封垄前结束中耕。

此外，除去侧枝，减少养分消耗，促进顶花球膨大，以保证达到商品要求标准。

五、病虫害防治

秋青花菜主要的病害有霜霉病、黑腐病、菌核病和空茎病等，虫害有烟粉虱、菜青虫、蚜虫、棉铃虫和菜螟等。霜霉病可用58%瑞毒霉锰锌可湿性粉剂600倍液或64%杀毒矾可湿性粉剂500倍液喷雾防治，7~10d喷1次，连续喷2~3次；黑腐病可用45%代森铵水剂300倍液浸种15~20分钟，冲洗后晾干播种，或用50%琥胶肥酸铜可湿性粉剂按种子重量的0.4%拌种防治；菌核病可用50%异菌脲可湿性粉剂1 200倍液或40%菌核净可湿性粉剂1 000~1 500倍液喷雾防治；空茎病可用0.75kg/667m^{2}硼肥进行根外追肥；烟粉虱可用70%吡虫啉水分散粒剂10 000倍液或25%噻嗪酮可湿性粉剂1 500倍液喷雾防治；菜青虫可用Bt乳油500~800倍液，或2.5%溴氰菊酯乳油3 000倍液，或2.5%功夫乳油5 000倍液，或25%灭幼脲1号1 000倍液防治；蚜虫可用10%高效大功臣可湿性粉剂1 000倍液或50%抗蚜威可湿性粉剂1 000倍液防治；棉铃虫可用2.5%功夫乳油5 000倍液，或5%氟虫腈悬乳剂2 000倍液喷雾防治；菜螟可用40%氰戊菊酯5 000~6 000倍液或20%杀灭菊酯4 000倍液喷雾防治。

六、收获

青花菜花球膨大至直径11~13cm时，选择花蕾较整齐、颜色一致、不散球的花球早晨或傍晚，用不锈钢刀具采割。根据出口青花菜要求，修整后茎长保留16cm，用塑料筐装筐，预冷结束后装运销售。

第八章　豆类蔬菜

第一节　秋菜豆

一、品种选择

品种可以根据当地消费习惯选择，如双丰1号、中花玉豆、特长9号、苏菜豆3号、青云1号等。

二、整地

应选择地势高，排灌方便，地下水位较低，土壤疏松、土层深厚、肥力中等、通风、向阳、有机质含量相对较高的酸性或微酸性土壤种植最为适宜。前茬以早熟玉米、大棚西瓜、辣椒、番茄、黄瓜等作物为佳。不宜重茬，不宜与豆类作物接茬。结合整地，进行三犁三耙，根据地块肥力情况确定，在整地时667m²施入优质腐熟的有机农家肥2 500~3 000kg、优质复合肥25kg，耕翻整地后做1m宽（含墒沟）的高垄，每垄开2条3cm深的播种沟。

三、播种

播前首先要人工挑选种子，适时晒种，应进行粒选，选用粒大饱满，整齐度、光泽度一致、无病虫害和破损的种子；其次要在太阳下晒种1~2d，促进发芽整齐。育苗移栽的菜豆应进行温汤浸种。晾晒后的种子用55℃水浸泡15min，不断搅拌，使水温降至30℃继续浸种4~5h，或用消菌灵1 500倍将种子浸泡15~20min，用清水洗净晾干后待播。

豌豆采用直播法，以撒播为主。净种每 $667m^2$ 种子用量 5～7kg，播种后用农家肥覆盖种子，播种行距 50cm，株距 20～25cm。若苗腐病为害严重地块，则改用沙土覆盖为佳。播种时若土壤过于干旱，应在播前或播后的傍晚灌水，全畦湿润后即排干水，视土壤墒情在出苗前再灌一次水。在播后芽前每 $667m^2$ 用 50% 乙草胺 60mL 或 20% 敌草胺 200mL，对水 40～50kg，搅拌均匀后喷洒土壤表面。喷药时要求土壤湿润，以提高药效。对除草效果不好或未及时除草的田块，以禾本科杂草为主的可用稳杀得、盖草能，以阔叶草为主或多种杂草混生的田块可用禾耐斯补治。

四、播后管理

（一）肥水管理

开花结荚前应控制浇水以防徒长，非地膜栽培需中耕松土兼除草。开花结荚后如无雨水，需 5～7d 浇水 1 次，保持土壤湿润，如雨水多，应注意防涝、防病虫。根据生长情况，追施 1～2 次复合肥，每 $667m^2$ 每次可追 15kg。叶面喷施微肥 1.5%～2.0% 钼酸铵或硫酸锌溶液，促进开花结荚。结荚盛期，适当加大施肥量，防止中后期出现早衰。保护地栽培要特别注意增施氮肥。

（二）适时搭架整枝、封顶、打杈

苗高 20cm 时搭架。在基部第 4～6 节不留侧枝，以上侧蔓留 2～3 叶摘尖，主蔓长 2m 以上时摘尖。按植株下部 1～2 部节抽生的侧蔓留壮去弱，打杈要勤，且早于封顶。一般在晴天进行。

五、病虫杂草防治

菜豆病害主要有白粉病、炭疽病和根腐病。豆类病害较易防治，与非豆类作物轮作；加强管理，合理密植，开沟排水，高畦栽培，保持田间清洁；也可用种子重量 0.25% 的 15% 三唑酮可湿性粉剂或用种子重量的 0.2% 的 75% 百菌清可湿性粉剂拌种进行防治，如已有病害发生，可用 20g 二氯异氰尿酸钠 20% 可溶性粉剂对水 15~20kg 喷施，连喷 2~3 次，间隔 5~7d 喷一次进行防治。虫害主要有地老虎、跳甲、卷叶螟、豆荚螟，可用 48% 乐斯本乳油或用 10% 吡虫啉 2 000~3 000 倍液地表喷雾进行防治或在犁地及播种等农事操作时人工捕杀害虫。草害主要是在幼苗期进行中耕除草，中期再进行一次除草进行防治。

六、采收

菜豆生长特性决定了豆荚成熟的早晚，从播种到植株下部豆荚黄熟期约 140d，整株豆荚成熟约需 30~40d。所以应适时分批采收，先成熟的下部荚应及时采收，在采收初期和后期可 3~4d 采收 1 次，结荚盛期可 2~3d 采收 1 次。最好在下午进行采摘，要注意保护茎蔓和叶片。待整株豆荚、茎蔓、叶片变黄成熟后可一次采收，收获后在干净卫生、通风透气的条件下晾干、脱粒。

第二节　春豇豆

一、品种选择

豇豆品种类型很多，要根据气候条件、栽培习惯、种植季节、市场要求选用适当的品种。春季栽培的主要品种有特早 30、之豇 90、之豇特长 80、早丰 60 等。

二、育苗

（一）种子处理

种子精选，剔除饱满度差、虫蛀、破损和霉变种子，将筛选好的种子晾晒 1~2d，严禁曝晒。放在盆中用 80~90℃的热水将种子迅速烫一下，随即加入冷水降温，保持水温 25~30℃ 4~6h，捞出稍晾播种，或用种子质量 0.5%的 50%多菌灵可湿性粉剂拌种，防治枯萎病和炭疽病。一般不再播前催芽。

（二）育苗场地准备

豇豆喜土层深厚的土壤，播前应深翻 25cm，结合翻地 667m^2 施有机肥 5 000~10 000kg，磷酸二铵 50kg，钾肥 20kg。整地后作畦，畦宽 1.2~1.3m，10m^2。

（三）播种

将浸泡后的种子点播于育苗床中，每穴 2~3 粒，每 667m^2 用种 1.5~2kg。

（四）苗期管理

当有 30%种子出土后，及时揭去地膜。视育苗季节和墒情适当浇水。育苗移栽的应于定植前进行炼苗。结合间苗拔除杂草。

三、定植前

定植前根据土壤肥力和目标产量确定施肥总量，一般 667m^2 用腐熟的有机肥 3 000~5 000kg，尿素 20kg 和硫酸钾 10~20kg，深翻 2 遍，把肥料与土充分混匀，然后按栽培的行距起垄或做畦，准备定植。

豇豆苗龄 20~25d 定植，深度以幼苗在育苗畦的入土深度为宜，定植株行距为 65cm×15cm。

四、定植后管理

（一）肥水管理

定植后及时浇水，3~5d 后浇缓苗水，第一花穗开花坐荚时浇第一水。此后仍要控制浇水，防止徒长，促进花穗形成。当主蔓上约2/3花穗开花，再浇第二水，以后地面稍干即浇水。保持土壤湿润。开花结荚期要及时重施追肥，防止早衰，抽蔓后期可视苗酌施，每667m^{2}不超过10kg的复合肥；盛收后追施35kg复合肥促进生长，增加再结荚。花荚期土壤应保持湿润状态，以利结荚顺畅，提高产量、改善品质。必要时进行根外追肥，减少落花落荚。

（二）插架引蔓

苗高25cm时，应及时插竹、引蔓。之后要精心管理，适当选留侧蔓，摘除生长弱和第一花序迟开的侧蔓，有些品种当主蔓长至架顶时可以采用打顶以促进侧蔓萌发，促使茎蔓均匀分布，提高光能利用率，增加产量。

五、病虫害防治

豇豆生长期主要病害有病毒病、煤霉病、锈病、白粉病和枯萎病。病毒病可用多菌灵可湿性粉剂500~800倍，或50%甲基托布津可湿性粉剂600~1 000倍等预防，一般隔7~10d喷1次，连续2~3次；煤霉病防治上避免播种过密，以利田间通风透光，防止湿度过大；及时清除田间染病落叶，减少再传染菌源，发病初期采用药剂喷雾，可用50%甲基托布津可湿性粉剂500倍液，或75%百菌清可湿性粉剂600倍液，或65%代森锌可湿性粉剂500倍液，每10d喷1次，连续防治2~3次；锈病防治可选择喷洒15%三唑酮可湿性粉剂1 000~1 500倍液、25%粉锈宁2 000倍液、或50%萎锈灵乳油800倍液等，10~15d喷1次，连喷2~3次；白粉病发病初期喷洒70%甲基硫菌灵可湿性粉剂500倍液，7~10d喷1次，连续3~4次。害虫主要有蚜虫和豆荚螟。蚜虫用蚍虫啉3 000倍喷雾防治，豆荚螟用杀虫双、三唑磷、青虫灭等药剂在现蕾时喷杀。

六、采收

一般开花后约 10d 豆荚可达到商品成熟期, 此时豆荚饱满柔软, 要及时采收。

第三节 秋豌豆

一、品种选择

可选用白花豌豆、中豌 4 号、中豌 6 号、荷兰豆、食荚大菜豌 1 号、无须豆尖 1 号、美国豆苗等品种。

剔除发霉, 破损及瘪种子, 然后用 40% 盐水选种, 除去上浮不充实的或遭虫害的种子。用种子重量的 2~3 倍的清水浸种, 浸种 16~20h, 浸胀后用清水清洗干净, 沥干水, 播种。

二、整地

豌豆忌连作, 种过豌豆的地块要隔 4~5 年才能再种。深耕细整, 施好基肥, 播前每 667m^2 施腐熟有机肥 2 500kg、过磷酸钙 25~30kg、氯化钾 10~15kg, 条施或穴施。也可以用三元复合肥 30~40kg 穴施。

三、播种

豌豆采用直播法, 以撒播为主。净种每 667m^2 种子用量 5~7kg, 播种后用农家肥覆盖种子, 若苗腐病为害严重地块, 则改用沙土覆盖为佳。播种时若土壤过于干旱, 应在播前或播后的傍晚灌水, 全畦湿润后即排干水, 视土壤墒情在出苗前再灌一次水。在播后芽前每 667m^2 用 50% 乙草胺 60mL 或 20% 敌草胺 200mL, 对水 40~50kg, 搅拌均匀后喷洒土壤表面。喷药时要求土壤湿润, 以提高药效。对除草效果不好或未及时除草的田块，以禾本科杂草为主的可用稳杀得、盖草能，以阔叶草为主或多种杂草混生的田块可用禾耐斯补治。

四、田间管理

在施肥上可采取"施足基肥，早施苗肥，重施花荚肥"的施肥原则。基肥每 667m² 施复合肥 30kg，施用时尽量避免肥料与种子直接接触，采用免耕撒播的地块可全田撒施肥料。四叶期每 667m² 施尿素 5kg，始花期每 667m² 施尿素 10kg，以增花、增荚、增粒重。豌豆是忌水、怕旱的作物。苗期和开花结荚期如遇干旱，也要进行沟灌。

五、病虫害防治

潜叶蝇、菜青虫、斜纹叶蛾和蚜虫是豌豆的主要害虫，应在苗期抓好防治工作，可用 5% 抑太保乳油 1 000～2 000 倍液或 Bt 乳剂 500～1 000 倍液防治 2～3 次。根腐病和立枯病是土传病害，防治方法一是选择抗病品种；二是实行水旱轮作，切忌旱地连作；三是用药剂在苗期防治，如 75% 百菌清可湿性粉剂 600 倍液、50% 多菌灵可湿性粉剂 500 倍液。

六、采收

豌豆采收期按食用部分而异。食用嫩梢者于具有 8～10 片叶（16～30cm）时开始分次采收。采收嫩荚者于花谢后 8～10d 豆荚停止生长，种子开始发育时采收，此时仍为深绿色或开始变为浅绿色，豆粒长到饱满时为宜。采收过早，豆荚过小产量低；采收过迟，豆粒淀粉增多，豆荚纤维增加，品质变劣。

第九章　根菜类蔬菜

第一节　冬春萝卜

一、品种选择

选用较耐寒，冬性强、抽薹迟，肉质根不易糠心的萝卜品种，如成都热萝卜、南昌春福萝卜、成都青头萝卜、德昌果园萝卜、云南三月萝卜等。

二、整地

前茬宜选用非十字花科的作物，土层深厚肥沃，排水良好的沙壤土最适于肉质根的膨大。前茬收获后，每 $667m^2$ 需用腐熟有机肥5 000kg，并加入过磷酸钙25kg，草木灰50kg，肥料撒施后将土壤深翻，整细、整平。栽培中小型品种做成平畦，栽培大型品种做成高垄。

三、播种

采用直播法。选用纯度高、粒大饱满的新种子，播前应做好种子质量检验。每 $667m^2$ 用种量，大型品种穴播需 0.3~0.5kg，每穴点播6~7粒，中型品种条播的需 0.6~1.2kg，小型品种撒播的需用1.8~2.0kg。种植密度为大型品种行距 50~60cm，株距 25~40cm；中型品种行距 40~50cm，株距 15~25cm；小型品种株距 10~15cm。播种深度 1.5~2.0cm。

四、田间管理

(一) 间苗

萝卜宜早间苗，晚定苗，保证苗壮。萝卜幼苗出土后生长迅速，要及时间苗，否则幼苗拥挤生长不良，幼苗纤细，植株徒长，影响产量。间苗分3次进行，间苗的原则是"早匀苗，多间苗，晚定苗"。第一次在子叶充分肥大，真叶顶心时，点播每穴留2~3株，条播每3cm留1株苗。第二次在2~3片真叶时，去除劣杂病苗，保留符合本品种特性，子叶舒展，叶色鲜绿，根须长短适中，较粗壮的苗。第三次在4~5片真叶时定苗，按规定株距，株距依品种而定，选留壮苗1株，其余苗拔除。

(二) 合理浇水

幼苗出土前后，要供给充分的水分，保证发芽迅速，出苗整齐。出苗后至幼苗期经常浇水，防止高温灼伤幼苗。由"破肚"至"露肩"，地上部和肉质根同时生长，需水量较多，此时为防止叶片徒长，掌握地不干不浇水，地发白时再浇水的原则，适当控制浇水。"露肩"到采收前10d停止浇水，以防止肉质根开裂，提高萝卜的耐贮性。南方有些年份秋冬季也会雨水绵绵，应及时清沟排渍，灌水应根据天气情况，随灌随排。

(三) 追肥

萝卜着重施基肥，少施或不施追肥，尤其不宜用人粪尿作为追肥，人粪尿若浇的浓度大，次数少，容易烧苗；反之，浓度稀，次数多，不容易提苗，且易发生黑腐病。追肥结合浇水冲施，切忌浓度过大及离根部过近，以免烧根。

在施足基肥的基础上，全生长期追肥2~3次。第一次在蹲苗结束后，结合浇水施尿素10~20kg/667m²。肉质根生长盛期，施尿素 15~20kg/667m²、硫酸钾 15kg/667m²。生长期长的大型萝卜可增加 1 次追肥。

五、病虫害防治

萝卜的病害主要有霜霉病、软腐病、病毒病等。虫害主要是蚜虫和菜螟。霜霉病选用 70%代森锰锌 800 倍液或 70%乙锰 800 倍液喷雾，发病期选用治疗药剂 25%瑞毒霉可湿性粉剂 1 000 倍液防治；用 90%新植霉素或 72%农用链霉素 1 300 倍液防治软腐病；病毒病可用 20%病毒净 400~600 倍液喷雾。蚜虫的防治可选用 20%蚍虫啉 20g 对水喷雾。菜螟可选用 90%敌百虫 1 000 倍液喷雾防治。

六、采收

冬春萝卜的收获适期，可根据当地的气候条件、品种、播种期、栽培目的及市场情况来确定。总的原则应该是及时收获。在肉质根充分膨大，基本已"圆腔"，叶色转淡，变为黄绿时收获。如早熟品种收迟了就容易空心；迟熟品种和根部大部分露在地上的品种。萝卜收获多用手拔。采收应选晴天，收后立即削去顶部叶片，以减少水分蒸发和发芽空心。

第二节　胡萝卜

一、品种选择

春播胡萝卜对品种的选择十分严格，宜选用抽薹晚、耐热性强、生长期短的小型品种。目前生产中常用的品种主要有两大类：一是国外引进的新黑田五寸、花知旭光和春时金五寸等；二是国内品种，如三寸胡萝卜、北京黄胡萝卜、烟台三寸、竹察等。

二、整地

胡萝卜对土壤的要求较高，宜选择耕层较深，土质疏松，排水良好的壤土或沙壤土。每 667m² 施入充分腐熟的有机肥 3 000kg，草木灰 150kg 或生物钾肥 12kg，深耕细耙，清除砖石杂物。北方地区多用低畦，南方地区多用高畦，畦宽 1. 5~2. 0m。

三、播种

胡萝卜种子（果实）皮厚，上生刺毛，果皮含有挥发性油，革质，吸水透气性差，发芽慢，胚小，生长势弱，且无胚及胚发育不良的种子多，另外，果皮及胚中还含有抑制发芽的胡萝卜醇。种子处理是保证全苗及获得丰产的重要措施。具体方法是：播种前 7~10d 晒种，并搓去种子上的刺毛，用 40℃ 温水浸泡 2h。晾干水分，置于 20~25℃ 黑暗下催芽，当大部分的种子的胚根露出种皮时播种。

为提高发芽率还可以用 50mg/kg 的赤霉素或硝酸钾溶液代替清水处理种子，效果更好。

胡萝卜宜条播，按行距 13~20cm，开深、宽各 1. 5~2cm 的沟，顺沟播种，耙平，稍镇压，盖草或地膜保湿。直播一般 10d 出苗，催芽 7d 出苗。夏季播种时，为防雨后土壤板结，可在胡萝卜播种时撒放少量小白菜或水萝卜，既可为胡萝卜遮阴，亦可提高经济效益。

四、田间管理

（一）间苗

出苗后要及时间苗。第 1 次间苗在 2~3 片真叶时进行，留苗株距 3cm；第 2 次间苗在 3~4 片真叶时进行，留苗株距 6cm。每次间苗时都要结合中耕松土。在 4~5 片真叶时定苗，小型品种株距

12cm，每 667m² 保苗 4 万株左右；大型品种株距 15 ~ 18cm，每 667m² 保苗 3 万株左右。间苗、定苗的同时结合除草，条播的还需进行中耕松土。

（二）水肥管理

播种至齐苗期间需保持土壤湿润，一般应连续浇水 2 ~ 3 次。幼苗期应尽量控制浇水，保持土壤见干见湿，防止叶片徒长。幼苗具有 7 ~ 8 片真叶，肉质根开始膨大时，结束蹲苗。肉质根膨大期间应保持地面湿润，防止忽干忽湿，避免出现裂根等肉质根质量问题。整个生长期追肥 2 ~ 3 次。第 1 次在定苗后施用，以后每隔 20d 左右追施 1 次。由于胡萝卜对土壤溶液浓度很敏感，追肥量宜小，并结合浇水进行。通常每次每 667m² 追施优质有机肥 150kg 左右或复合肥 25kg。另外中耕时需注意培土，防止肉质根膨大露出地面形成青肩胡萝卜。

五、病虫害防治

胡萝卜的病害主要有软腐病、黑斑病、黑腐病等。软腐病选用 90% 新植霉素或 72% 农用链霉素 1 300 倍液喷雾；黑斑病、黑腐病可用 75% 百菌清可湿性粉剂 600 倍液，或 50% 多菌灵 800 倍液喷雾。

六、采收

胡萝卜肉质根的形成，主要在生长后期，肉质根的颜色越深，营养越丰富，品质柔嫩，甜味增加，所以胡萝卜应在肉质根充分肥大成熟时收获。采收过早会影响产量和品质，采收过迟会引起肉质根栓化，品质变劣，在生产中应适时采收。一般是当肉质根充分膨大，符合商品要求时，即可随时收获上市。

第十章　绿叶类蔬菜

第一节　冬莴笋

一、品种选择

选用抗病、耐寒、高产的莴笋品种，如重庆白甲、成都挂丝红、上海大圆叶等。准备种子 15~20g。

二、育苗

（一）种子处理

莴笋种子发芽的最适温度为 15~18℃，超过 25℃ 则发芽缓慢，不整齐。播种期间温度较高，需先对种子进行低温处理，先将种子浸入清水，轻轻搅拌，捞出放入 1 000 倍高锰酸钾液中消毒，不停搅拌约 20min，捞出用湿布把种子包好，放入冷开水中冲洗并浸种 3~5h，捞出后放入冰箱冷藏室，每天用冷开水冲洗 1 次，2~3d 有 80% 种子开始露白即可播种。在温度适宜时不必进行低温处理。

（二）育苗场地准备

选排灌方便、疏松肥沃的土壤于播种前每 667m² 苗床施入腐熟有机肥 800~1 000kg，钾肥 8~10kg，将肥料撒均匀后，再把地块深翻 20~30cm，将苗床做成宽为 1.2~1.5m 的厢，将厢面楼平。一般每 667m² 大田需育苗床 10~15m²，播种 10~15g，适当稀播。

(三) 播种

播种之前，要将苗床充分浇水，待表土收汗后即可播种。莴笋的种子很小，应在种子中加入自身重量 100 倍以上的消毒细土，混合撒播，播种后撒上 0.5cm 厚的消毒营养土，再覆盖遮阴网。

(四) 苗期管理

一般播后 3~5d 出苗，出苗后及时揭去覆盖物。露真时用 50% 多菌灵 800 倍液喷洒 1 次，2~3 片真叶时间苗，尽量控制浇水，不旱不浇水，以防秧苗徒长。苗龄 30~35d，有 5~6 片真叶时定植。

三、定植

定植前结合整地，施入腐熟有机肥 3 000~4 000kg，复合肥 25kg，翻耕做畦覆地膜，畦宽 1.6~1.8m，沟宽 20~30cm，沟深 20~25cm。地膜栽培能增温保湿，促进莴笋发育，提早上市。

定植前 1~2d，将苗床浇透水，以利起苗。选叶片肥厚平展的壮苗于晴天下午或阴天定植，起苗时尽量多带土，淘汰病虫为害的病苗、弱苗。一般穴行距为 30cm×35cm，以 667m² 定植 4 000~5 000株为宜。栽苗时将大小不同的苗分畦栽，相同大小的苗栽在一起，便于管理。用小土铲挖穴栽苗，幼苗的根系舒展伸入穴中，并用细土将地膜压实。栽苗深度以幼苗在苗床中的入土深度为标准，栽完后及时浇定根水。

四、定植后管理

在定植成活后，用稀薄粪水追施一次提苗肥；进入莲座期茎开始膨大时，及时重施追肥，追肥不宜施得过浓或过晚，过晚易使茎开裂；莴笋茎膨大时对水分要求严格，应保持土壤湿润，田间不能积水，以利形成肥大的嫩茎。

五、病虫害防治

莴笋的病害主要有霜霉病、软腐病、菌核病、灰霉病、黑斑病、病毒病等。虫害主要是蚜虫和斑潜蝇。霜霉病选用70%代森锰锌800倍液喷雾，发病期选用治疗药剂25%瑞毒霉可湿性粉剂1 000倍液防治；菌核病、灰霉病用50%多菌灵或70%甲基托布津可湿性粉剂1 800~2 000倍液喷雾；用90%新植霉素或72%农用链霉素1 300倍液防治软腐病。蚜虫的防治可选用20%蚍虫啉20g对水喷雾。斑潜蝇可选用1.8%阿维菌素2 000倍液喷雾防治。

六、采收

茎用莴笋以心叶与外叶"平口"时为采收适期。若根据市场需求推迟上市，可在"平口"期掐去莴笋顶端生长点，抑制顶部生长，促使茎部养分回流，防止嫩茎空心，促进笋茎肥大，可迟收5d左右。

第二节　秋芹菜

一、品种选择

选用优质、抗病、丰产的实心芹菜品种，如津南实芹、铁杆芹菜、双港西芹、文图拉等种子250g左右。

二、育苗

（一）种子处理

芹菜种子细小，含油腺，皮厚，出芽慢。6月下旬至7月中旬播种时温度高，需先用50~55℃的温汤浸种20~25min，不断搅拌，待水温自然冷却后用清水浸泡种子12h，然后用5mg/kg赤霉素或爱多收浸泡 10~12h 以打破休眠，提高发芽率，之后捞出种子，装入布袋或用纱布包裹，放在冰箱冷藏室内或水缸边或地窖中，或吊在水井内距水面 30~60cm 处，催芽 5~7d，每天翻洗 1 次，30%~50% 露白即可播种。温度适宜时不必催芽，7~10 天可发芽。

（二）育苗场地准备

选排灌方便、土壤肥沃、保水保肥性好的地块，开好排水沟，施入充分腐熟的有机肥 500~600kg，整细耙平，做成宽 1~1.2m，长 6~10m 的苗床畦 7~8 块，面积共约 85m²。

（三）播种

选择 16 时以后或阴天播种。播种前灌足底水，水渗下后再用过筛细土将低洼处填平。将经过处理的种子连同细沙均匀地撒在畦面上，再盖上 0.5cm 厚营养土（用筛过的农家肥和细土各 50% 混匀）。播后搭小拱棚覆盖遮阳网，遮阳保湿、防暴雨。

（四）苗期管理

芹菜喜湿，整个苗期均应以小水勤浇为原则，保持土壤湿润。播种后，每天傍晚用喷壶浇 1 次小水，保持地面湿润，一般 6~7d 出齐苗。出齐苗后，在下午太阳光弱时，要拿掉畦面上的覆盖物。随着小苗的生长，要逐步撤掉遮阴覆盖物。出苗后至幼苗长出 2~3 片真叶前，每隔 2~3d 浇 1 次水，经常保持畦面见干见湿。浇水时间以早晚为宜。当芹菜长到 5~6 片叶时，根系比较发达，适当控制水分，防止徒长，并注意防止蚜虫为害。在芹菜苗期一般不追肥。如发现缺肥长势弱时，在 3~4 片真叶时可随水追施 2kg 尿素。在幼苗 1~2 片真叶时，进行 1~2 次间苗，苗距 3cm，以扩大营养面积，保证秧苗健壮生长，结合间苗拔除杂草。

三、定植

定植前结合整地施底肥，一般每 667m^2 施腐熟农家肥 4 000~6 000kg，尿素 20kg，含锰、硼的叶菜专用复合肥 20kg。翻入土内，使土肥充分混合，耙平整细，做成畦面宽 1.2~1.4m 的平畦，南方地区秋季雨水较多，稻田或平坝地区一般要求作高畦，畦沟深 15~25cm，宽约 30cm，准备定植。

芹菜苗龄 45~55d，苗高 12~15cm，有 5~6 片真叶时开始移栽。移栽前 3~4h 浇水使畦土充分湿润，起苗时连根挖起，多带土。栽苗时相同大小的苗栽在一起，方便管理。定植深度以幼苗在育苗畦的入土深度为宜，定植株行距 15cm×20cm，每 667m^2 定植 20 000~22 000穴，每穴 3~5 株，边定植边浇定根水。

四、定植后管理

幼苗定植后，每天早晚浇缓苗水，同时覆盖遮阳网，促其成活。定植成活后勤施粪水，保持土壤湿润。在封行前，浅中耕、除草 2~3 次。芹菜需肥量大，但根系吸收能力较弱，故应结合浇水，适时追肥，一般追肥 2~3 次，667m^2 每次施叶菜类专用复合肥 5kg，把握淡肥勤施原则，确保养分的均衡供应。收获前 15~25d，可用 10~15mL/L 赤霉素或云大 120（芸薹素内酯）喷雾 1~2 次，增产效果明显。

五、病虫害防治

芹菜生长期主要病害有斑枯病、菌核病和软腐病，斑枯病可用 75%百菌清可湿性粉剂 600 倍液喷雾防治，菌核病可用 50%扑海因悬浮剂 600 倍液喷雾，软腐病可用 72%农用硫酸链霉素 3 000~4 000倍液喷雾。害虫主要有蚜虫和菜青虫。蚜虫用蚍虫啉 3 000倍喷雾防治，菜青虫用 1.8%阿维菌素 2 000倍液喷雾防治。7~10d 喷 1 次，连喷 2~3 次。

六、采收

根据芹菜生长情况和市场需求，及时采收。本芹多采用擗收法，定植后 50~60d，每株有成叶 5~6 片，叶柄长度达 40~50cm 即可擗叶采收。擗收前 1d 灌一次水；擗叶不可过度，擗收 1~3 片叶，保留 2~3 片功能叶，以便采收后不影响植株长势。擗叶后不能立即浇水，采收后 1 周，心叶开始生长，擗收伤口愈合后，再施肥浇水。最后一次采收，用镰刀将整株割下，整理后上市。

西芹定植后 90~120d，株高 70~80cm，心叶充分发育后开始采收，外层叶片未枯黄前收完。采收时用刀平土割下，以不散蔸为宜。削去叶梢和黄叶，去除泥土即可上市。

第三节 早秋菠菜

一、品种选择

选用耐热早熟的圆叶菠菜品种，如日本欧菜、日本全能菠菜、广东圆叶菠菜、美国大圆叶菠菜、南京大叶菠菜、荷兰菠菜 K4、秋绿菠菜、日本新急先锋、春夏菠菜、华菠 2 号等品种 5kg。

菠菜种子在高温条件下发芽慢，发芽率低，早秋播种时，应进行种子处理。先将种子浸种 12h，捞出放在 4℃的冰箱中处理 24h 后，置于阴凉处保湿催芽，每天用清水淋洗 1 次，经 3~5d 种子露白即可播种。

二、整地

每 667m² 施腐熟农家肥 3 000kg，三元复合肥 25kg，开沟作畦，畦宽 1.5m。

三、播种

菠菜采用直播法，以撒播为主。播前先浇底水，将种子均匀撒在畦面上，覆土 3cm，并保持土壤润湿，以利出苗。为防高温为害，需搭建竹木架并覆盖遮阳网遮阴，以保全苗。秋菠菜播种量不宜过大，每 667m² 播种 5kg 左右即可。

四、田间管理

秋菠菜出苗后，天气干旱可勤浇小水，保持土壤湿润，以利幼苗生长，2~3 片叶结合间苗拔除杂草。大雨后及时排水防涝。4~5 片叶后，进入生长盛期，结合抗旱施入清粪水，以提高产量，改进品质。

五、病虫害防治

菠菜主要病虫害有霜霉病、炭疽病以及蚜虫、潜叶蝇等，可于发病初期分别用 58%甲霜灵·锰锌可湿性粉剂 500 倍液、50%甲基托布津可湿性粉剂 500 倍液、1.8%阿维菌素乳油 3 000 倍液喷雾，隔 10d 喷 1 次，连喷 2~3 次。采收前 15d 停止喷药。

六、采收

当秋菠菜播后 50~60d，叶长达 15cm 以上，植株间较拥挤时开始间拔收获，一般每隔 20d 收获一次，秋菠菜不容易出现早期抽薹的问题，所以采收期可根据市场需求适当提前或推迟。

第十一章　葱蒜类蔬菜

第一节　大蒜

一、品种选择

蒜薹、蒜头品种较多，应选用地方品种或与本地区生态环境相似的适应性广、抗逆能力强、丰产稳产、品质好、符合栽培目的的品种进行栽培比较可靠。如以蒜苗生产为主的可选用早熟蒜瓣小，用种量少，萌芽发根早，叶肥嫩，蜡粉较少，适宜密植的品种为宜，如四月蒜、软叶子和"二水早"等品种。用种量每 $667m^2$ 约 $150 \sim 200kg$。

二、整地

大蒜根系浅，分布在表土层、吸收养分能力弱，在生产上应选疏松肥沃，土层深厚，保水保肥力强，排水性能良好的壤土栽培。深翻土壤后稍整平，按 2m 开厢作畦，沟深 20cm。厢面施充分腐熟的人畜粪水 $1\,000 \sim 1\,500kg/667m^2$，隔 $1 \sim 2d$ 后耙平整细。

三、种蒜处理

将蒜瓣包好放在井水中浸 24h 后播种，或放在地窖中，保持 15℃ 温度和一定湿度，比较密闭的条件下，约 10d 大部分蒜瓣发根后播种；或将蒜瓣喷湿后，放在冷藏库或冰箱的冷藏柜中，$2 \sim 4$℃ 低温处理 $15 \sim 20d$，促进种瓣内酶的活动而及早出芽发根，然后再播种。使种蒜出苗早而整齐，早熟丰产。播种前把经过低温处理的蒜种先进行去皮、分辨、摘底益（老茎盘）等处理，然后按大、中、小分级待用。播种前用清凉水浸泡6~12h，沥干水汽，用50%多菌灵粉剂拌种处理，可以杀灭种子表面可能携带的病菌。多菌灵用量为浸泡种子重量的0.2%~0.3%。然后即可播种。

四、定植

（一）定植方法

1. 点播法

施肥、整地、作畦以后，在畦面上用木桩点孔，深3~4cm，放入一瓣大蒜，根部向下。按一定的株行距点播。点完后畦面盖1cm厚的细土或用扫把扫一下畦面，达到盖种目的。

2. 铲播条播法

用板锄铲出深3.5cm、宽15~20cm的播种沟。然后按一定株行距排播种子于沟内，注意蒜瓣不能倒置。再铲下一播种沟的土盖在前一沟蒜种上，这样第二播种沟同时开好，又可摆放种子，如此不断进行，直至播完整畦。又排下一畦，农户称为"铲播"或"翻书播"。播种深度一般以微露蒜瓣尖为宜。保水性差的地块可以深一些。但也有的地方采用较深的播种方法，如大理的洱源县播种深度达5~8cm。他们认为深播独蒜比例较高而且鳞茎外观商品性较好。

（二）种植密度

早熟品种植株较矮，叶片数较少，生长期较短，种植密度可适当增大，一般行距14~17cm，株距7~8cm，每667m² 种植5万株较为适宜，每667m²用种约150~200kg。中晚熟品种生育期较长，植株较高，开展度较大，叶片数较多，应适当稀植，一般行距16~18cm，株距10cm，每667m²定植4万株左右，用种量约150kg比较适宜。如以生产蒜苗为主则播种密度适当加大。

五、定植后管理

催芽肥，大蒜出苗后，施清淡的人畜粪水提苗，保证幼苗正常生长；蒜苗旺盛生长之前，即播种后约 60d，母瓣营养耗尽烂母时，重施一次腐熟人畜肥 1 000～1 500kg、尿素 8kg、氯化钾 5kg，促进幼苗旺盛生长，茎粗叶肥厚而不黄尖；花芽、磷芽分化，花茎伸长时，追施孕薹肥，每 667m² 施腐熟人畜粪 1 000～1 500kg，氮、钾肥 8kg，促进蒜苗生长及早抽薹分蒜薹伸长；蒜薹采收前，以追施钾肥为主，适量拌施腐熟人畜粪水，进行最后一次追肥，保证蒜薹采收后，供蒜苗返青生长，促进蒜头膨大成熟。这次追肥不宜过多、过浓，否则会引起已形成的蒜瓣发芽，降低蒜头产量。

六、病虫害防治

主要病害有大蒜紫斑病、大蒜叶枯病及大蒜霉斑病等，基本没有害虫为害。大蒜紫斑病可用 40%大富丹可湿性粉剂 500 倍液或 58%甲霜灵锰锌可湿性粉剂 500 倍液喷雾；大蒜叶枯病可选 75%百菌清可湿性粉剂 600 倍液；50%扑海因可湿性粉剂 1 500倍液喷雾处理；大蒜霉斑病可用 1∶100 波尔多液或 65%代森锌可湿性粉剂 500 倍液喷雾。

七、采收

以蒜苗生产为主，当蒜苗长到 20cm 以上，叶肥厚嫩绿时可分期分批陆续选收，或隔株采收蒜薹，在大蒜花薹总苞伸出约 8～10cm，稍微弯曲，即农户形象地称之为"招手"时，采用铲薹法、划假茎取薹法、夹塞法、扎薹法等方法及时采收。采薹后 20d 即可挖蒜头，此时叶片泛黄，大部分开始倒伏（倒苗），蒜头膨大趋缓，即是采挖适期，采挖过程中应避免损伤蒜头，收获后轻微晾晒，即可去根叶上市出售。

第二节　韭菜

一、品种选择

品种可选择独根红和平韭 4 号。

二、育苗

（一）种子处理

选用饱满、无杂质、无虫口的种子，先将种子用 1 000∶1 的高锰酸钾溶液浸泡 3~4h 消毒后，再用冷开水洗净，放入容器浸泡 24h，中间换水 3 次，然后捞起晾干播种，可促进发芽率。

（二）育苗场地准备

播种地应选择水源充足、排水良好的大田，以沙壤土最好。先将土地每 667m² 用 50~100kg 的生石灰消毒，然后深翻耙碎，再用石灰撒施一次以杀菌消毒。每 667m² 施腐熟农家肥 1 500~3 000kg，然后起畦，畦宽 1.2m 左右，高一般 15cm 即可。畦面要浇水，淋足水，以备播种。

（三）播种

将沟（畦）普踩一遍，踩实，顺沟（畦）浇水，水渗后，将已催芽的种子混 2~3 倍的砂子撒在沟畦内，上覆细土 1~2cm，播种后覆盖薄膜或稻草，70%幼苗出土时撤除床面覆盖物。

（四）苗期管理

播后水肥管理。出苗前需 2~3d 浇水 1 次，保持土表湿润，从齐苗至苗高 16cm，7d 左右浇 1 次水，结合浇水，每 667m² 追氮肥 3kg，高湿雨季排水防涝。立秋后，结合浇水追肥两次，每次 667m² 施氮肥 4kg，定植前一般不收割，以促进壮苗养根。天气转凉，应停止浇水。另外要及时除草。

三、定植

选择地势平坦，排灌方便，土壤耕层深厚、肥沃、土壤结构适宜。先将土地深翻，不需耙碎，栽前先用石灰 50~100kg/667m² 消毒。每 667m² 施腐熟农家肥 2 000~3 000kg 作基肥，然后起畦覆土，畦宽 1.2~1.4m，畦高因地制宜，一般高 15cm。

当幼苗株高长到 18~20cm 时为定植期。定植时要错开高温高湿季节。定植方式主要有：单株密植、小丛密植、小垄丛植、宽垄大撮等。将韭菜苗起出，剪去须根先端，留 2~3cm，以促新根发育，再将叶子剪去一段，以减少叶面蒸发，维持根系吸收和叶面蒸发平衡。株行距（20~25）cm×20cm，每穴定植 8~10 株，栽植深度以不埋住分蘖节为宜。

四、定植后管理

韭菜移栽后 3~4 个月即可见花薹，花薹长 25~30cm 时即可采摘。旱天时每天下午或隔 1~2d 淋水一次，看畦面干湿而定。有条件的采用机械化淋水，没有条件的可放跑马水，把畦面浸湿后将剩余的水放去一大半或全放。需定时施肥，有机肥约占 85% 以上，无机肥约占 15%，施用沤制人畜粪或尿液配合低氮型氮、磷、钾复合肥或微生物有机活性复合肥更佳。中耕，人工除草。韭菜播种一次可以连续收多年收割，不需年年播种。

五、病虫害防治

为害韭菜常见病虫有疫病、灰霉病、锈病、菌核病、葱蚜、韭菜迟眼蕈蚊等。韭菜疫病可选用 40% 乙膦铝、50% 瑞毒霉、25% 甲霜灵、58%瑞毒猛锌、64%杀毒矾等药交替使用喷雾防治；锈病可选用40%菌扑脱、20%三唑铜等药剂交替使用防治；韭菜迟眼蕈蚊应采用64%毙杀乳油1 500~2 000倍液，或5%高效大功臣可湿性粉剂1 000倍液、1.8%爱福丁乳油2 000倍液喷施，交替使用喷雾或灌根，隔5~7d用药1次，严重时连续用药3~6次。

六、采收

一般每年收割4~6次，当年不收割。收割以春韭为主，收割时间，要按当地市场行情和韭菜生长情况而定，一般植株长出第7片心叶，株高30cm以上，叶片肥厚宽大可采收。市场价格好时可提早到5叶时收割，春季每隔20~30d采收1次，共采收1~3次，炎夏一般只收韭菜花。秋季每隔30~40d采收1次，共采收1~2次。收割时留茬高度鳞茎上3~4cm、在叶鞘处下刀为宜，每刀留茬应较上刀高出1cm左右。收割后及时用耙子把残叶杂物清除，耧平畦面，可以往根茬上撒些草木灰，不但能防治根蛆，避免苍蝇产卵，还能起到追肥作用。

第三节 洋葱

一、品种选择

选用优质、抗病、早熟的品种，如黄皮洋葱（太阳1号、玉皇、迪斯、赛特一号、太阳6号）、红皮洋葱（红冠、红太阳1号）等种子30~50g。

二、育苗

（一）种子处理

采用当年新种经清水漂洗，去掉秕种子后，在播种前晒种2~

4h，每平方米苗床用种量5~10g。

（二）育苗场地准备

选择地势较高、排灌方便、土壤肥沃的壤土或沙壤土，前茬2~3年内未种过葱、蒜类作物的田块作育苗地。育苗前对苗床地进行深翻炕晒，每667m² 施腐熟有机肥2 000~3 000kg、普钙50kg、草木灰150kg，均匀撒施，耕翻2~3次，把肥和土壤充分掺拌均匀，然后作宽1m，高0.2m的平整畦面。

（三）播种

冬洋葱一般在8月中旬至9月上旬播种；小鳞茎早春洋葱在1月下旬至2月中旬播种，5月下旬至6月上旬收获倒苗，小鳞茎保存，9月中旬至10月上旬移栽。播种前苗床浇足底水，然后撒一薄层细粪土再播种，播种后用营养细土覆盖0.5~1cm，盖土要均匀。覆土中拌入多菌灵10g/m²，防治立枯病，覆土后盖稻草，用喷壶浇透水，出苗揭草后用遮阳网搭建小拱棚遮阴。

（四）苗期管理

幼苗出土前应保持土壤湿润，促进顺利出苗；当出苗达到70%左右时，于傍晚揭掉覆盖的稻草；齐苗后一周，用75%百菌清可湿性粉剂600倍液喷雾1次，防治苗期病害；苗高5~6cm时要间苗、除草。苗龄掌握在35~40d。移栽前15d，每667m² 喷施磷酸二氢钾400g。

三、定植

洋葱种植前一次性施足基肥，每667m² 施腐熟农家肥2 500~3 000kg，复合肥40kg，普钙50kg，硫酸钾20kg，硫酸锌5kg，均匀撒入土壤，耕耙一次后，以1.3m开沟理墒，净墒面宽1m左右，沟深0.3m，沟宽0.3m，做到墒平、沟直、土细。

移苗前 1d 苗床浇透水，以利起苗，减少伤根；移栽时视苗情分级带土移栽，以便田间管理和确保成熟一致（用小鳞茎种植也应按鳞茎大小分级定植；定植时苗要现起现栽，当天起当天栽完，边栽边浇定根水。定植深度 3~4cm 为宜，沙土地可稍深，黏土要稍浅一些。栽植时按行距开沟，按株距摆苗，然后覆土。也可按株行距刨穴栽植。冬洋葱每 667m² 基本苗 1.2 万~1.3 万株（株距 20cm，行距 20cm），春洋葱 1.1 万~1.2 万株/667m²（株距 20cm，行距 25cm）。具体种植密度视品种的特性和土壤肥力状况及生产目标而定。

四、定植后管理

定植后灌一次透水，以后视天气情况和土壤墒情适时灌缓苗水，以小水勤灌，防止大水漫灌，并且灌后即排，防止沟内常时积水。在茎叶生长前期以保持土壤湿润为宜，鳞茎膨大旺盛期正值冬春旱季要充分灌水，收获前半个月应停止灌水，提高洋葱品质；适时中耕除草、盖膜：定植后 15d 进行浅中耕除草，晒 2~3d，结合中耕每 667m² 施入尿素 25kg，然后进行覆膜。覆膜时地膜要紧贴墒面，四周压紧压实，破膜理出葱苗后及时用土封严膜口；当发现抽薹植株时，应在其形成花球之前将花苞打掉，以防止开花消耗养分影响鳞茎膨大而造成减产。

五、病虫害防治

选用生物农药 2%春雷霉素 500 倍液、10%多抗霉素 600 倍液防治灰霉病和霜霉病；选用生物农药 2%抗霉菌素水剂（农抗 120）200 倍液防治紫斑病；选用生物农药 2.5%多杀霉素悬浮剂（菜喜）1 000倍液、5%云菊 1 500倍液防治蓟马、葱须鳞蛾。以上所选药剂均在收获前 30d 停止用药。

六、采收

当洋葱叶片大部分枯萎，假茎变软开始倒伏，鳞茎停止膨大，鳞茎外层鳞片变干时，选择晴天挖收，收获前 10~15d 撕掉地膜，停止灌水，提高洋葱品质；为了提早上市，也采用强制性倒苗提前采收。如在鳞茎膨大后期人为将洋葱假茎扭转压倒，促使地上部分枯黄和鳞茎成熟。采收时连根带叶在田间晾晒 3~4d，丧失一定水分，促使外层鳞片干燥成膜质状，再剪去须根和假茎，即可上市出售。

第十二章　薯芋类蔬菜

第一节　马铃薯

一、品种选择

春马铃薯栽培主要选用休眠期短的早中熟品种。适宜南方栽培的马铃薯优良早中熟品种有荷兰 15、丰收白、克新 4 号、郑薯 2 号、白头翁、早大白、万农 4 号、中薯 5 号、克新 1 号、东农 303、金冠等。用种量因种薯、切块大小及种植密度而异，一般 100~150kg。

二、整地

马铃薯是高产喜肥作物，需施足基肥。基肥的施用可结合春耕施入，但很多地方采用沟施。若使用速效化肥沟施或穴施，要避免直接与种薯接触，以免影响发芽和出苗。整地时施入充分腐熟的有机肥 3 000~5 000 kg、过磷酸钙 25kg、硫酸钾 15kg 或三元复合肥 50kg。

马铃薯的种植方式有垄作、畦作和平作三种。垄作适用于生育期内雨量较多或是需要灌溉的地区，如东北、华北地区、西南部分地区；畦作主要在华南和西南地区采用，且多是高畦；平作多在气温较高但降雨水又少、干旱而又缺乏灌溉的地区采用，如内蒙古、甘肃等地。

三、播种

（一）种子处理

1. 种薯消毒

为了防止种薯带病传染，在播种前需进行消毒处理。疮痂病、黑痣病及黑胫病可用 0.5%福尔马林溶液浸种 20~30min，浸后捞出闷 6~8h，即可起到杀菌作用。黑胫病也可用 0.5%硫酸铜溶液浸种薯 2h 杀菌。

2. 暖种晒种

播种前 30~40d 开始暖种晒种。将种薯放在温度约 20℃ 条件下暖种，经 15d 左右，顶芽有豆粒大时，温度降至 12~15℃，并给予光照进行晒种，抑制种薯顶芽伸长，促进其他芽眼萌芽。暖种可在室内进行，也可在冷床、温床、日光温室内进行。

3. 药剂处理

常用药剂为赤霉素，浓度因品种、种薯休眠程度及切块或整薯不同。切块用 1μl/L 浸泡 10min，而整薯用 10~20μl/L 浸泡 10~20min，捞出后播种。为了节约种薯，一般将种薯切成多块播种。切块时纵切成立体三角形，每块重 25g 左右，最少应有一个芽眼。切块过程中遇到病薯要剔除，切到病薯要将切刀用 70%酒精或 3%来苏尔液消毒。由于切块播种易染病和缺苗，有时采用整薯播种，整薯营养多，生命力旺盛，有利于机械化播种，保证全苗。

（二）播种

马铃薯的播种密度因气候土壤条件、栽培季节、品种、种薯大小等因素而异。为了增加通风透光，便于培土，通常增加行距，缩小株距，保证一定的穴数。一般早熟品种比中晚熟品种密一些，春薯行距 50~70cm，株距 20~25cm，秋薯行距 35~45cm，株距 20~25cm。施肥后播种，一般播种深度以 10~15cm 为好，播后覆土。

播前土壤墒情不足时，应在播前浇水。高畦栽培于畦面开沟播种，覆土与畦面平。采用垄作，在平地开沟种植，最后培土起垄。

为了提早上市，有些地方常采用地膜覆盖栽培。播前先浇透水，再施肥播种，最后覆土盖膜。出苗时破膜接苗，再用细土覆盖好。注意幼苗不要与地膜接触，避免高温时烫伤幼苗。

四、田间管理

马铃薯是需肥多和吸肥量大的作物。马铃薯的施肥应掌握重施基肥，前期多施氮肥，后期多施磷、钾肥的原则。马铃薯幼苗期短，齐苗后应视土壤墒情及时浇水、中耕除草，培土。结合浇水追施提苗肥，每 $667m^2$ 施尿素 $15\sim20kg$。发棵期注意控制浇水，培土 $1\sim2$ 次。到植株即将封行时进行一次大培土，培成高畦或高垄。注意不要覆盖和损伤主茎的功能叶。若发棵期出现徒长现象，可用矮壮素进行叶面喷施。结薯期需水量最大，占全生育期需水量的2/3。土壤应保持湿润，尤其是开花前后，防止土壤干旱。结薯前期每 $667m^2$ 追施复合肥 $15\sim20kg$，同时用 0.1% 的磷酸二氢钾进行根外追肥。

在马铃薯生长期间雨水多时注意排水。采收前 10d 应停止浇水，以免块茎含水过多，不耐贮藏。

五、病虫害防治

为害马铃薯的病虫害主要有病毒病、早疫病、晚疫病、青枯病、疮痂病、环腐病、蚜虫和二十八星瓢虫等。

病毒病可通过选用无病种薯、使用脱毒种薯、用实生苗结的薯块作种薯等进行防治。另外，病毒病主要通过蚜虫传播，可通过防治蚜虫防治病毒病。同时还可在发病期间使用20%的病毒 A 可湿性粉剂 $400\sim500$ 倍液、5%植病灵水剂 300 倍液、NS-83 增抗剂 100 倍液等进行防治。

早疫病主要为害叶片和块茎。可通过选用无病种薯、施足有机肥、增施磷钾肥、发病时使用1∶1∶200波尔多液、或75%百菌清可湿性粉剂600倍液、或64%杀毒矾可湿性粉剂500倍液等进行防治。

马铃薯晚疫病为害叶片和块茎。可通过实行轮作、选用抗病品种、适时早播、使用40%三乙膦酸铝可湿性粉剂300倍液、58%甲霜灵·锰锌可湿性粉剂、64%杀毒矾可湿性粉剂500倍液、25%瑞毒霉800~1 000倍液、或65%代森锌500~600倍液进行喷雾防治。

环腐病为害叶、枝、茎及块茎。可选用无病种薯或整薯播种。若用切块播种时用0.1%~0.5%酸性升汞或5%来苏尔消毒。生产上注意加强田间管理，及时排水，及时防治害虫，拔除病株。

青枯病可通过选用抗病品种、实行水旱轮作、发病初期用农用链霉素100~150mg/L，或50%敌枯双500~1 000倍液灌根，或10~15g硼酸对水50L作根外喷洒。

疮痂病、黑痣病及黑胫病可在播种前用0.5%福尔马林溶液浸种20~30min，浸后捞出闷6~8h，即可起到杀菌作用。黑胫病也可用0.5%硫酸铜溶液浸种薯2h杀菌。

蚜虫可使用50%马拉硫磷乳油1 000倍液、或2.5%溴氰菊酯2 000倍液，或50%抗蚜威可湿性粉剂2 000~3 000倍液等进行防治。

二十八星瓢虫可用50%辛硫磷100倍液拌种和处理土壤。也可用90%敌百虫100~200倍液拌入炒香的菜籽饼、豆饼或棉籽饼任意一种制成毒饵，撒施田间毒杀。

六、采收

早马铃薯可以根据市场行情随时采收供应，而作为成熟薯供应市场则应等到块茎充分膨大，到达生理成熟期，大部分茎叶由绿转黄，薯皮老化时采收。选择晴天土壤较为干爽时采收，而作为次年春季种薯的则应提前10~15d采收，减轻后期高温的影响。采收过早，产量较低。采收过迟，如果遇上阴雨天，块茎易腐烂，影响产量。收获时避免损伤薯块。

第二节　生姜

一、品种选择

选择姜块肥大饱满、皮色光亮、表皮不脱落、肉质新鲜、不腐烂变色、不干缩变软、无病虫害的健康姜块作种。品种可选择山东莱芜大姜、广东疏轮大肉姜、山东莱芜片姜、广东密轮细肉姜、浙江红爪子姜、安徽铜陵白姜、湖北来凤生姜、云南玉溪黄姜、贵州道义大白姜、广西玉林圆肉姜、福建红牙姜及四川竹根姜等。种子用量 300~400kg。

二、整地

姜根系浅，要求土壤疏松。前茬作物收获以后应进行冬耕冻垡，于第二年春季土壤解冻后播种前细耙 1~2 次，使地面松细平整。结合耙地施入备好的肥料，腐熟的有机肥 2 500~3 000kg、硫酸铵 15kg、硫酸钾 10kg。

三、播种

（一）种子处理

1. 晒种

播种前取出种姜，选择背风向阳的地方，将种姜平排在平地上或草席上晾晒 2~3d，以提高温度，促进萌发。傍晚收进室内，可加盖稻草、麻袋等保温，防止夜间受冻。

2. 催芽

催芽可在室内或温床中进行。各地方法均不相同，可因地制宜。温度保持在 20~30℃。温度过高注意通风降温，但最低不要低于 20℃。当芽长 1cm 左右时即可播种。采用温床催芽，7~10d 可出芽，其他催芽方法需要时间长一些。

3. 药剂处理

播种前可采用 1:1:100 波尔多液，浸种 20min，或 90% 疫霜灵 300 倍液浸种 30min，进行种姜消毒，然后取出晾干备用。采用 250~500μl/L 的乙烯利浸泡 15min，能促进生姜分枝，增加产量。

（二）播种

在畦面开深约 12cm 的播种沟，浇透底水。基肥采用沟施的，待水下渗后施肥，再覆盖一层薄土后播种。也有先播种后施肥的。一般按 50cm 左右的行距开沟，株距 15~25cm 之间。不同条件下播种密度不同，一般肥力及肥水条件较好的地块稍稀，肥力及肥水条件较差的地块稍密。播种时将种姜掰成 50~80g 重量的种块，每块保留 1 个种芽，摆放于沟底，种芽向上，幼芽方向一致并与行向垂直。最后覆土 10cm 左右。

四、田间管理

（一）肥水管理

姜耐肥，需要充足的营养，除施足基肥外还需多次追肥。一般在苗高 15cm 左右时施一次提苗肥。施肥以氮素化肥为主，每 667m² 可施用硫酸铵或磷酸二铵 10~15kg。地上部分发生 1~2 个分枝时，施一次壮苗肥。每 667m² 施复合肥 15kg，追肥后进行培土。进入旺盛生长阶段应重施肥，每 667m² 施复合肥 25~30kg。结合浇水施肥进行培土。收嫩姜时，培土较深。若收老姜或种姜，培土较浅。

苗期需水量少，以小水勤浇为宜，保持土面半干半湿至湿润状态。浇水后结合除草进行浅中耕，雨后注意及时排水。进入旺盛生长期，需水量增大，应注意经常保持土壤湿润，每隔几天浇 1 次水。雨后应及时排水，防止田间积水，以免姜块腐烂。

(二) 遮阴

姜不耐强光，必须进行遮阴才能使植株生长良好。北方多采用插草遮阴，一般播种后趁土壤湿润松软时，用谷草或玉米秸插成稀疏的花篱，为姜苗遮阴，通常高度为 70~80cm，立秋后天渐转凉时拔除。南方通常采用搭架遮阴，在畦面搭 1.2~1.7m 高的棚架，上盖作物秸秆，保持三分阳七分阴的状态。白露过后，光照渐弱即可拆除。也可使用遮阳网进行遮阴。还可采用间作遮阴，如广东姜芋间作，以芋叶遮阴降温。

五、病虫害防治

生姜的主要病害是姜瘟病，也称姜腐烂病。该病为细菌性病害。病源菌在土壤及种姜中越冬，可在土壤中存活 2 年以上。田间通过施肥、灌溉及地下害虫传播。夏季高温多雨时容易发生。一般连作、排水不良、肥力差的地块发病严重。主要症状为根茎上呈黄褐色水浸状病斑，以后逐渐扩大，组织软化腐烂，流出带有恶臭的污白色汁液，仅剩下空壳。地上部分表现为初期叶片萎蔫卷缩，而后叶色变黄进而成黄褐色，最后全株枯死。发病严重时减产 50%以上，甚至绝收。防治方法：①选用抗病品种、选无病地块留种姜、选留无病种姜。②实行轮作，高畦深沟栽培，增施钾肥，加强排水，及时拔除病株，病穴撒石灰能减轻病害。③药剂防治。播种前可采用 1∶1∶100 波尔多液浸种 20min，或 90%疫霜灵 300 倍液浸种 30min，或用 40%福尔马林 100 倍液浸，闷种 6h 进行姜种处理。齐苗期用 78%姜瘟宁可湿性粉剂 300 倍液，或用 90%三乙膦酸铝可溶性粉剂 300 倍液灌根。每 10~15d 灌 1 次，连续 2~3 次。发病初期，也可喷 50%代森铵 1 200 倍液，或 40%疫霜灵 200 倍液防治。每隔 7~10d 喷 1 次，连喷 2~3 次。

虫害主要是姜螟虫。幼虫为害嫩茎，蛟食使其变成空，造成姜苗枯黄凋萎或断枝。可用90%敌百虫800~1 000倍液喷杀，连续处理2~3次。

六、采收

生姜的采收分为收种姜、嫩姜、老姜三种。种姜发芽成株后既不干瘪也不腐烂，仍可食用，一般和老姜一并在生长结束时采收，或提前至幼苗后期收获。提前采收应注意不能损伤幼苗，影响生长。收嫩姜是在根茎旺盛生长期，趁姜块鲜嫩时提早采收。嫩姜纤维少，组织嫩，辣味淡，适于加工成多种食品。嫩姜采收越早产量越低。老姜一般在霜降前后地上部开始枯黄，根茎充分膨大老熟时采收。采收时先刨松土壤，抓住茎叶整株拔起，抖落掉泥土，地上茎保留2cm削去其余部分，直接入窖贮藏，也可以稍经晾晒，使表皮干燥后再贮藏。晾晒后储藏可延长贮藏期但品质稍差。冬季温暖的地区可在叶枯黄时，近畦面割断茎叶，地面覆盖姜叶或稻草越冬。需要时随时采收。老姜采收时，应尽量减少损伤。

采收老姜产量高、辛辣味重、耐储藏，可制干姜或加工成调味品，也可作种姜使用。

第三节　芋头

一、品种选择

可选用的品种有四川宜宾串根芋、福建筒芋、福建竹芋、台湾面芋、糯米芋、浙江奉化火芋、广西荔浦芋、红槟榔心、台湾槟榔芋、宜昌白芋、宜昌红荷芋、上海白梗芋、广州白芽芋、福建青梗无芽芋、广东红芽芋、福建红梗无娘芋、台湾播芋、浏阳红芋等、长沙白荷芋、长沙乌荷芋、广东九面芋、江西新余狗头芋、浙江金华切芋、福建长脚九头芋、四川莲花芋等。

选择无病田块中健壮株上母芋中部的子芋作种。种芋单个质量以 50g 以上为宜，要求顶芽充实，球茎粗壮饱满，形状整齐。白头、露青和长柄球茎不宜作种。白头芋多数为孙芋，或在母芋上发生较迟的子芋，顶端无鳞片毛；露青是指顶芽已经长出叶片的芋；长柄则是着生母芋基部的子芋。这些芋组织柔嫩不充实，若用作种芋，秧苗不壮，影响产量。多头芋因母芋、子芋、孙芋连作，难以分开，只有分切若干块作种。也可采用母芋作种，利用整个母芋或母芋切块（1/2 母芋），洗净、晾干、愈合后再种。母芋切块需解决烂种问题。魁芋母芋繁殖系数低，部分子芋种用产量低，为了提高利用率，可将子芋假植 1 年培育成单个质量 150~200g 的小母芋作种芋，可取得较好的产量。芋的用种量依品种、种芋大小和栽植密度而不同，一般每 $667m^2$ 为 50~200kg。

二、整地

生产芋头应选择有机质丰富、土层深厚、保水保肥的壤土或黏土。芋头忌连作，需实行 3 年以上轮作。水芋选水田或低洼地，旱芋虽经过长期的自然选择和人工培育适应旱地生长，但仍应尽量选择潮湿地块种植。

芋头根系分布较深，种植地块应在直播或育苗栽植前深翻晒垡，特别是种植魁芋类应深耕 30cm 以上，使土壤疏松透气。芋的生长期长，需肥量大，可结合整地重施基肥，将准备好的肥料一次性施入，有机肥 2 500~3 000kg，硫酸钾 15kg，三元复合肥 30kg。旱芋也可以沟施或穴施。

三、播种移植

种子处理

1. 晒种

播种前可将选好的种芋晒种 2~3d，促进发芽。将干枯的叶鞘剥除，便于更好地接触土壤，吸收水分。摘除顶芽以外的侧芽，防治播种后侧芽萌发。种芋处理后要及时播种，否则会失水过多，导致出苗缓慢或影响发芽。最好在晒种后 2~3 天内播完。

2. 催芽育苗

芋头生长期长，催芽和育苗可以延长生长季节，提高产量。通常在早春提前 20~30d 利用冷床或温床进行催芽或育苗。制作苗床时压实底土，限制根系深入，便于移植成活。床土厚 10~15cm，将种芋密插于床土中，最后覆土盖没种芋。注意防寒保温，保持 20~25℃床温和适宜的湿度，当种芋芽长 4~5cm，露地无霜冻时即可栽植。

3. 播种移植

芋头较耐阴，应适当密植，但因品种和土壤肥力的不同而异。一般魁芋类植株开展度大，生育期长，宜稀植，反之宜密植。一般株行距为（60~80）cm×（20~40）cm，每 667m² 种植 3 000~5 000 株。为了便于培土，一般采用宽行窄株距栽植法。有的采用大垄双行栽植，小行距 30cm 左右，大行距 50cm 左右，株距 30~35cm，每 667m² 栽苗 4 500~5 000 株。

芋宜深栽，便于球茎生长。栽植深度可达 17cm 左右。将种芋按规定的株距植于预先开好的沟内，顶芽向上，然后覆土。覆土深度以盖没顶芽或微露顶芽为度，不宜过厚，以利日晒增温，促进出苗，过浅影响发根。种芋周围土壤要细碎，不能有大泥块，以防漏风或种芋外露引起腐烂。大小种芋应实行分级播种，以便于田间管理。水芋栽种前施肥、耙田、灌浅水 3~5cm，按一定株行距插入泥中即可。

采用地膜覆盖可增温保湿，对芋的早熟丰产有较显著的效果。

四、田间管理

（一）肥水管理

芋生长期长，需肥量大，除施足基肥外，还须多次追肥，促进植株生长和球茎发育。苗期生长慢，需肥不多。一般在幼苗具 1~2 片真叶时或移栽成活以后追施施尿素 10kg，促苗生长。4~5 片真叶时，生长已经旺盛，需肥量增加，施复合肥 50kg。当植株具有 7~8 片真叶时，地下球茎开始膨大时，这时肥料应适当重施，以促使球茎膨大。一般每 667m² 用尿素 25~30kg，加硫酸钾 20~25kg，均匀撒施于种植沟内，施后结合培土平沟。具体追肥次数和用量应根据土壤和基肥施用情况，不同品种和不同地区条件而灵活掌握。如土壤不肥，基肥较少，品种中晚熟，地区无霜期长，均应适当增加追肥次数或追肥数量；反之，则适当减少。

芋喜湿，忌干旱。前期气温较低，生长量小，维持土壤保证土壤见干见湿，即见田土干燥发白时略浇小水。防止田间积水，以免影响根系生长。中、后期生长旺盛及球茎形成发育时需要充足水分，应及时浇灌，始终保持土壤湿润，不能受旱。高温期忌中午灌水，立秋后灌水减少，使田土逐渐干燥，以促进球茎成熟，并便于采收和贮运。多雨季节，则要及时排水，防止积水受涝。

水芋定植成活后将田水放干，以提高土温，促进生长。培土时放干，结束后保持 4~7cm 水深。7—8 月为了降低土温，水位可加深到 13~17cm，并注意经常换水，处暑后天气转凉保持浅水或土壤湿润，9 月后排干田水，以便采收。

（二）培土除芽

适时培土能抑制子芋、孙芋顶芽的萌发和生长，避免顶芽露出土面和抽生叶片，减少养分消耗，促进球茎膨大和发生大量不定根，增强吸收及抗旱能力。一般在 6 月地上部迅速生长，母芋迅速膨大，子芋、孙芋形成时开始培土。可结合中耕、除草和追肥进行，一般 2~3 次，每次培土四周均匀。第一次培土平沟，第二次培成小垄，第三次全田检查、发现有子芋萌芽抽叶的，将其地上部去除，然后培土将子芋全部埋没。有的在大暑期间一次性培土，厚约 17~20cm，省时省力，效果较好，可减少多次培土造成的伤根影响。地膜覆盖栽培的不必培土。

侧芽消耗养分，影响子芽生长，要及时摘除过多的侧芽。多头芋多为丛生，侧芽发达，萌芽出土能增加同化面积，提高产量，所以不必除去侧芽。

五、病虫害防治

芋头主要病害有疫病、软腐病等。

疫病主要侵染叶和球茎。植株感病后，叶面有不规则形轮纹斑，湿度大时斑上有白色粉状物，重时叶柄腐烂倒秆、叶片全萎；地下球茎部分组织变褐乃至腐烂。底洼积水，过度密植，偏施氮肥发病重。防治方法：选用抗病品种，在无病地块留种；收获后清除在地上的病株残体，集中烧毁；实行水旱轮作，旱芋采用高畦栽培，注意清沟排渍；加强田间管理，合理施肥，施足底肥，增施磷钾肥；可用 90% 三乙膦酸铝可湿性粉剂 400 倍液，或 72.2% 普力克水剂 600~800 倍液，或 70% 乙膦锰锌可湿性粉剂 500 倍液、70% 甲基托布津可湿性粉剂 1 000 倍液喷雾。

软腐病病源通过种芋或其他寄主植物病残体带菌越冬，栽植后通过水从伤口侵入，主要为害植株叶柄基部和球茎。叶柄基部感病，初生暗绿色水浸状病斑，内部组织逐渐变褐腐烂，叶片变黄。球茎染病后逐渐腐烂。发病重时病部迅速软化腐败终致全株枯萎倒伏，并散发出恶臭。在高温条件下容易发病。防治方法：选用抗病品种，合理轮作；加强田间管理，施用腐熟有机肥，及时排水晒田；用 1∶1∶100 波尔多液喷洒，或用 72% 硫酸链霉素可溶性粉剂 3 000 倍液，或 30% 氧氯化铜悬浮剂 600 倍液喷洒。

主要虫害是斜纹夜蛾。主要为害叶片。可用 2.5% 功夫乳液 5 000 倍液或 20% 灭扫利乳油 3 000 倍液喷雾防治。每隔 7~10d 喷 1 次，连用 2~3 次。

六、采收

芋头叶变黄衰败是球茎成熟象征，此时采收淀粉含量高，品质好，产量高。但为了调节市场供应亦可提前或延后采收。长江流域早熟品种多在 8 月采收，晚熟种在 10 月采收，华南地区多在 10—11 月采收。采收前几天在叶柄 6~10cm 处割去地上部，伤口愈合后在晴天挖掘，可防止贮藏中腐烂。采收时注意避免造成机械损伤。收获后去掉干枯的叶，不摘下子芋，晾晒 1~2d 贮藏。冬季温暖地区，芋头可在田间越冬。

第四节　山药

一、种子准备

（一）零余子繁殖

也称为珠芽繁殖。第一年秋，选用具本品种典型性状的大型零余子沙藏过冬，翌年春天按 1m 畦种植 2 行，株距 5~10cm 植于露地或苗床，当年长成 20~30cm 的小山药块茎，第二年用全块茎做种栽植，用以更新老山药栽子。零余子数量多，繁殖方法简单，效果好。用零余子繁殖的种薯生活力较旺，可用来更换老山药栽子，3~4 年更新一次。

（二）山药栽子繁殖

也称为芦头繁殖。长柱种块茎顶端有一隐芽，可切下 20~30cm 长作繁殖材料，称山药栽子或山药嘴子。用山药栽子直播，出苗快，但连续应用长势衰退，影响产量。一般使用 3~4 年后应用零余子更新，提高种性。

（三） 山药段繁殖

山药块茎易生不定芽，可以切块繁殖。块状种只有块茎顶端才能发芽，切块时要采取纵切法，使每个切段均带有顶部，切块重约100g。长柱种块茎的任何部位都能发生不定芽，可任意切段繁殖，以近顶部长势较旺。可按 5～10cm 长切段，重约为 100～150g。这样切段养分含量多，植株生长旺盛，但用种量大，出苗较"山药栽子"迟 10d 左右。种薯切段后切口涂草木灰，在阴凉处放置 2～3d 后栽植，或晒 1～2d 后于 25℃下催芽，经 15～20d 发芽后播种。山药段繁殖，容易退化，降低产量。

二、整地

冬前深翻土地，一般按 1m 沟距，挖宽 25～30cm、深 80～130cm 的深沟，进行冻土或晒土。第二年春解冻时，把翻出的土与准备好的充分腐熟的有机肥和复合肥混合均匀（充分腐熟的有机肥 2 000～3 000kg，三元复合肥 50～60kg，尿素 15～20kg，过磷酸钙 25～30kg，硫酸钾 15～20kg），再回填到沟内，质地松散的土壤，每填一层踩压一次。回填完毕，做成宽 50cm 的高畦。为减轻挖沟栽培的劳动强度，可采用打洞栽培技术。于秋末冬初施肥翻耙，冬季按行距 70cm 放线，沿线挖 5～8cm 深的浅沟，在沟内按 25～30cm 株距打洞，洞深 150cm 左右，洞径 6～8cm，洞口要求光滑结实。有条件的地方可使用专用的开沟和打孔机。

三、播种栽植

挖沟栽培的，于畦面开宽 10～15cm、深约 10cm 的沟，将山药栽子或山药段按株距 15～20cm 顺垄向平放在沟内，覆土 8～10cm。打洞栽培的，先用宽 20cm 地膜覆盖在洞口（不必破膜，块茎可自动钻破），把山药栽子顺沟走向横放在洞口上方，将芽对准洞口，以引导新生的块茎垂直下伸。覆土起垄，垄宽 40cm，高 20cm。

四、田间管理

（一）肥水管理

山药施肥要掌握重施基肥、磷钾肥配合的原则。发棵前 3~5d，每 $667m^2$ 施尿素 15~20kg，过磷酸钙 25~30kg，硫酸钾 15~20kg。块茎盛长初期，每 $667m^2$ 施三元复合肥 25~30kg。以后根据植株长势结合病虫害防治，叶面喷施 0.5% 尿素和 0.25% 的磷酸二氢钾溶液，每 10d 左右喷 1 次，连续 2~3 次，以防止植株早衰。

播前浇足底水，生育前期即使稍旱，一般也不浇水，以促使块茎向下生长。如果过于干旱，可浇 1 次小水。块茎迅速膨大期，保持土壤湿润。山药怕涝，雨季及时排涝。

（二）中耕除草

生长前期遇雨土面板结，需及时中耕松土，勤中耕除草，直到茎蔓已上半架为止，以后拔除杂草。中耕时要注意避免损伤植株。

（三）搭架整枝

山药甩蔓后，应及时支架扶蔓。常采用人字架、三角架或四角架。架高以 2.0~2.5m 为宜。增加架的高度可使叶片分布均匀，增加通风透光。支架要捕牢固，防止被大风吹倒。福建等地利用山坡地种植，可利用后坡顺坡延伸，但要拉蔓垫草，防止茎节发生不定根，影响薯块形成。一般一个种茎留 1 株健壮的蔓，多余的去除。多数不整枝，但除去基部 2~3 个侧枝能集中养分，增加块茎产量。如不需要采收零余子，应尽早摘除，节约养分。

五、病虫害防治

山药主要病害有炭疽病、褐斑病、锈病、根腐病等。炭疽病主要为害茎叶。6 月中旬开始发生，直至收获期。常造成茎枯，落叶。防治措施：及时清洁田园，烧毁病残株，减少越冬菌源；发病初期喷 65% 代森锌可湿性粉剂 500 倍液或 50% 退菌特可湿性粉剂 800~1 000 倍液防治。褐斑病也叫叶斑病，为害叶片，7 月下旬开始发病。防治方法：清洁田园，处理残株病叶；轮作；发病期可用 58% 瑞毒霉代森锰锌可湿性粉剂 1 000 倍液喷雾防治。锈病为害叶片，6—8 月发病，秋季严重。可用 500 倍 50% 多菌灵可湿性粉剂，每隔 7d 喷 1 次，连续用药 3~4 次。根腐病为细菌性病害，为害 2 年生以上成株，5 月开始发病，7—8 月最盛，可采用轮作或 65% 代森锌可湿性粉剂 500 倍液喷洒或灌根。

主要虫害有山药叶蜂、蝼蛄、蛴螬等地下害虫。可于害虫发生初期用 90% 敌百虫 1 000 倍液或 50% 辛硫磷乳油 1 200~1 500 倍液进行防治。

六、采收

山药在初霜后茎叶枯黄，块茎膨大缓慢时采收。在南方冬季不很冷、土壤不冻结地区，块茎可留在中土，随时采收供应。

长柱种山药入土深，收获时费力，挖取时容易铲断块茎。一般收获时先清除支架和茎蔓，从畦的一端开始，先挖出深坑，人坐于坑沿，用铲铲断侧根和贴地层的根系，把整个块茎取出。打洞栽培的采收时把地上部除净，用铁锹把培土的垄挖去，露出山药栽子，清除洞口上面的土，注意不要让土掉进洞内，用手轻轻把山药从洞内取出，然后把洞口封好，以备下年再用。挖掘时应尽量保持块茎完整。收获零余子，需提前 1 个月。

第十三章　水生蔬菜

第一节　莲藕

一、品种选择

一般选择后把节较粗，皮质光滑、充分老熟、藕节完整、子藕生长方向一致的种藕作种。目前，常栽的品种有慢藕、湖藕、反背肘、鄂莲二号、鄂莲四号等。

二、田间准备

宜选择水源充足、水质良好、保水性好、有机质丰富的地块。利用水田栽培的，宜选用浅水藕类型；利用肥沃、泥层深厚的水塘栽培时，应选择耐肥、品质优良、高产的中深水藕类型；早熟栽培或与其他作物轮茬栽培时，则宜选用生长期短的早熟品种。种植莲藕的水田或池塘，水质务必洁净，无污染物，不要在受生活污水或医疗污水污染的地方种植。耕深 30cm，耙平，除尽杂草和往年的枯荷及藕鞭，并用生石灰 80kg/667m²，腐熟有机肥 4 000~5 000kg/667m² 深翻施入。

三、育苗

莲藕繁殖方式有有性繁殖和无性繁殖（整藕繁殖、主藕繁殖、子藕繁殖、藕头繁殖、藕节繁殖、顶芽繁殖以及莲鞭繁殖等）。

选用适合的抗病、优质，商品性佳的品种。如鄂莲一号、鄂莲三号、新一号（8135-1）、9217 莲藕和武植二号等。可用整藕，主藕或子藕作种，一般要求最小藕藕枝是一个顶芽、两个节间，三个节，种用藕应适当带泥，无大的损伤、不带病，随挖随栽，保持新鲜。用带 2~3 节藕身的藕头作种藕较为适宜，从挖至定植以不超过 10d 为宜。不能及时栽植时，应浸水保存或覆草浇水湿存。每 667m^2 的用种量因栽培方式、栽培密度、品种不同而异，一般用种量为 200~250kg/667m^2。催芽的方法是将种藕置室内，上下垫铺稻草，使温度保持在 20~25℃，每天洒水 1~2 次，保持一定的湿度，经 20d 左右，芽长 10~15cm 可栽植。

四、定植

一般在 4 月上旬定植，早熟品种密度要大，晚熟品种密度要稀，瘦田稍密，肥田稍稀。一般株行距（1.5~2）m×（2.0~2.5）m，种藕藕枝呈 20°角斜插泥中 5~10cm，基部外露出泥。行与行之间各株交错摆放，藕头向内。其余各行也顺向一边，中间可空留一行。田间芽头应走向均匀。栽种时种藕前部斜插泥中，尾稍可露出水面。种藕随挖随栽。

五、定植后管理

（一）肥水管理

水层管理以前浅中深后浅为原则，前期一般保持 3~5cm，中期逐渐增加到 8~10cm，后期一般维持 4~6cm。生产上如遇高温天气，必须灌深水保护。合理施肥，重施在莲的生育期内分期追肥 2~3 次，第 1 次在 1~2 片立叶时施用，每 667m^2 追尿素 15kg；第 2 次在 5~6 片立叶施用，每 667m^2 施复合肥 20~25kg、尿素 10~15kg；第 3 次于终止叶出现时追施，亦称催藕肥或追藕肥，每 667m^2 施尿素 15kg。若拟于 7 月上中旬采青荷藕，或田间土壤因肥力较高，植株长势较旺，则第 3 次追肥可以不追。

（二）转藕梢

夏至、立秋间为植株旺盛生长期，莲鞭迅速生长，当卷叶离田边1m左右时，为防止藕梢穿越田埂，应将近田岸的藕梢向田内拨转。转藕梢应在中午茎叶柔软时进行，以免折断。

（三）耘草、摘叶、摘花

在荷叶封行前，结合施肥进行耘草，拔下杂草，随即塞入藕头下面泥中，作为肥料。

六、病虫杂草防治

莲藕病害主要有腐败病和褐斑病，前者主要通过选用抗病或无病品种、轮作换茬、田间消毒等措施防治；后者可喷药，用25%多菌灵可湿性粉剂500~1 000倍液喷雾1次安全间隔期15d以上，或用75%百菌清可湿性粉剂600倍液喷雾1次，安全间隔期15d以上。虫害主要有蚜虫和斜纹夜蛾，蚜虫用40%乐果乳剂1 500~2 000倍液或用50%可湿性灭蚜松粉剂1 000~1 500倍喷雾1次，安全间隔期7d以上。斜纹夜蛾采用人工捕杀卵块、幼虫，用性信息素、黑光灯或糖醋液诱杀成虫等措施防治，亦可结合田间喷药防治，如用40%氰戊菊醋乳油4 000~6 000倍液喷雾1次，或用90%的敌百虫1 000倍液于3龄幼虫盛发前喷雾。杂草宜在封行前进行人工清除，踩入泥中。

七、采收

常规栽培，青荷藕一般在7月下旬开始采收。在采收青荷藕前一周，宜先割去荷梗，以减少藕锈。或在采收时，只收主藕，而子藕原位不动，继续生长，至9—10月可采收第二藕。挖藕当天的早晨，先摘去部分叶片，晒干作为包裹材料。枯荷藕在秋冬至第二年春季皆可挖取。枯荷藕采收有两种方式，一是全田挖完，留下一小块作第二年的藕种。二是抽行挖取，挖取四分之三面积的藕，留下四分之一不挖，存留原地作种，留种行应间隔均匀。

第二节　双季茭白

一、品种选择

应选择抗性、适应性强和产量高的品种，且要求茭肉洁白光滑，茭白粗壮丰满，形态特征与原品种一致，周围无雄、灰茭。根据生产情境要求，选用双季茭品种，常见单双季茭（两熟茭）品种如两头早、广益茭、小蜡台、群力茭、浙茭2号及鄂茭二号等。

二、育苗

（一）育苗场地准备

南方地区栽培双季茭白结茭的早迟与土层、水层深浅、水温控制等有关。一般水田海拔高的要比海拔低的早结茭，迎风的山背田比避风的低洼田早结茭，土层浅（最好20~25cm）的比土层深的田早结茭。宜轮作，轮作作物宜为豆科作物、绿肥作物或深根作物。轮作方式宜为水旱轮作，亦可与其他水生作物轮作。耕深25cm，每667m² 施有机肥2 000kg为基肥，保持水深3~6cm。

（二）播种

栽植期气温高，应选择阴天将墩苗挖起，劈开分蘖，并将基部2~4片老叶鞘剥去，露出分蘖节和分蘖芽，使其接触泥土，促使生根。再剪去上部叶片1/3，苗备好宜立刻栽植。栽植行距46cm，株距27~33cm。

（三） 苗期管理

当有 30% 种子出土后，及时揭去地膜。视育苗季节和墒情适当浇水。育苗移栽的应于定植前进行炼苗。结合间苗拔除杂草。

三、定植

定植前 10~15d，耕翻耙平，要求耕深 30cm 以上，并灌水 2~3cm。基肥每 667m² 宜施腐熟有机肥 3 000~3 500kg 作基肥。在定植成活以后，施硫酸钾复合肥 35kg，促使茭白进行分蘖发棵。

一般在 7 月下旬到 8 月上旬进行定植。定植时将种墩上的茭叶超过 1m 以上的部分割去，减少叶片蒸发，将种墩从田间挖出并用快刀纵劈成小墩，每小墩带茭苗 2~3 株。按宽窄行进行定植，宽行 60~70cm，窄行 40~50cm。

四、定植后管理

（一） 当年管理

1. 肥水管理

定植期水深 3~5cm，成活后，降低水深至 1~2cm，促进根系的生长及分蘖的发生。分蘖前期 5~10cm，分蘖后期孕茭期后，加深水深至 10~15cm。以提高茭白的产品质量，防止茭白肉质茎发绿。越冬期间，应保持田间 1~2cm 水深，防止茭苗冬芽冻伤。秋季定植茭白宜在定植后 10~15d 追肥，每 667 ㎡ 宜施腐熟有机肥 500kg 和硫酸钾 10kg。

2. 耥田、清理枯老茭叶

茭白定植成活后，随植株的生长，会出现枯老黄叶，结合耥田，除去田间杂草并及时清除黄叶、老叶，做到"拉叶不伤苗，行间无倒苗"。一般 8~10d 进行 1 次，共 2~3 次。分蘖后期，即从 7 月上中旬开始，从叶鞘基部清除老黄叶。杂草、老黄叶均宜踩入泥中。在茭白的孕茭期和采收期，应注意清除田间的雄茭、灰茭及变异株。

（二）翌年大田管理与选种

1. 匀苗补缺

春季萌芽初期苗高 15~20cm 时，对过密株丛应进行疏苗。疏苗可在两个时期进行，一次在 3 月上中旬，一次在 4 月上中旬。对于缺苗穴位，宜从出苗多的大株丛上取苗补栽，一般要求每穴有苗 6~8 株。

2. 肥水管理

老茭田冬季宜保水 2~3cm，开春后宜保水 3~5cm，茭白萌芽时，可加水深至 5~7cm，5 月进入孕茭期后，水深加深到 10~15cm。在茭白萌芽前半个月重施一次基肥，每 667m² 用腐熟有机肥 1 000~1 500kg。在萌芽后 20~25d，即 3 月上中旬，再追施一次较重的分蘖肥，每 667m² 用复合肥 20kg。

3. 留种

两熟茭白的早熟品种主要在夏茭采收初期选游茭作种，即夏茭早熟选种法。游茭入选标准为母株丛孕茭早，具该品种特征特性，两侧各有一个分蘖苗，左右对称。将入选游茭移栽留种田，采收主茎上的茭白，使其分蘖苗继续生长。在秋季复选看有无灰茭和雄茭，若有则及时除去。

五、病虫害防治

目前真正对茭白生产构成较大为害的病虫害主要是茭白胡麻叶斑病、茭白锈病、茭白纹枯病、螟虫、长绿飞虱、菰毛眼水蝇等。病虫害管理要点：清洁田园；选地轮作、合理密植；化学防治预防为主、综合治理。胡麻叶斑病用 50%朴海因 1 500 倍液喷雾 1 次，安全间隔期 10d；锈病，在苗高 10~20cm 时，用 50%多菌灵可湿性粉剂 800 倍，隔 5~7d 施 1 次，或 25%三唑酮（粉锈

宁）可湿性粉剂 1 000 倍液喷雾 1 次，安全间隔期 15d；纹枯病用
5% 的井冈霉素 1 000 倍液喷雾，防效在 80%～90%；茭白瘟病
（也称茭白灰心斑病）用 50% 多菌灵可湿性粉剂 1 000 倍液 1 次，
安全间隔期 7d。

蟆虫用 90% 敌百虫晶体 1 000 倍液喷雾防治；菰毛眼水蝇用
农药有 2.5% 溴氰菊酯乳油 2 500～3 000 倍液喷雾 1 次，安全间隔
期 15d；或 80% 敌敌畏乳油 1 000 倍液喷雾，安全间隔期 7d。

六、采收

茭白叶鞘基部开裂、露出白色茭肉时，为适宜采收期。秋茭采
收期一般为 9 月中下旬至 10 月中下旬，宜 2～3d 采收一次。要求及
时采收，否则茭白易老化，且消耗过多养分。夏茭采收期一般为 5
月中旬至 7 月中旬。

第三节　荸荠

一、品种选择

选择生长健壮、群体整齐、无倒伏、无病虫害的植株，且球茎
外形扁圆端正、表皮光滑无破损、皮色红褐一致、球茎饱满、芽头
粗壮、单果重 15g 以上。如桂林马蹄、孝感马蹄、鄂荠 1 号、会昌
荸荠、闽侯荸荠等。

二、整地

为了培育健壮的荠苗，苗床地宜选择无渍水，土层疏松，肥沃
的壤土或菜园地，育苗前每 667m² 施用腐熟有机肥 450kg，草木灰
600kg，人粪尿 800kg、尿素 30kg、氯化钾 10kg。

三、播种

（一）种子处理

在地面铺上 10cm 左右的一层稻草。将种荸荠芽朝上排列在稻草上，叠放 3~4 层，上面再覆盖稻草，每天早晚各淋一次水，10~15d 以后，当芽长到 3~4cm 的时候，就可以把幼苗移栽到育秧田中进行排种了。

（二）播种

为了防止害虫的为害，可用 50% 辛硫磷乳油 1 500 倍液将床土喷湿，待干后再将种球按 4~5cm 的间距排列在苗床上，顶芽向上，用细沙或松碎的细土盖上，厚度以刚盖过种球稍露芽为适，然后淋足水。

四、田间管理

田间要经常保持土壤湿润。一般在栽植时，田间应灌浅水；定植成活后，逐渐加深灌水，在分株和分蘖期间，灌水深 1.5~3cm。秋分到寒露，球茎膨大期应加深水层 4.5~6cm。如遇高温干旱，还应适当加深水位，寒露后可停止灌水。结合中耕除草追肥 2~3 次。第一次追肥在大暑前进行，每 667m^2 施人粪尿 500~800kg 或尿素 5~8kg；第二次追肥在立秋后进行，每 667m^2 施尿素 10kg，草木灰 150~200kg 加 5kg 氯化钾；白露到秋分结荸荠时，若植株还未封行，应在第二次追肥 10d 后，再追施尿素 10kg 和氯化钾 3~4kg，作为结荸荠肥。每次追肥时，放浅田水，使肥吸入土中，而后灌水至原来深度。

五、病虫害防治

荸荠的虫害主要为荸荠螟和蝗虫；荸荠的病害主要有荸荠秆枯

病、白粉病、生理性红尾、灰霉病等。白螟采取每 $667m^2$ 撒施米乐尔 1.5kg 或甲基异柳磷粉剂防治。蝗虫用 800 倍敌百虫溶液喷杀。秆枯病用多菌灵与甲基托布津混合剂 500 倍液喷防。白粉病用 15% 粉锈宁 1 000~1 500倍液，或 75%百菌清可湿性粉剂 600 倍液防治。灰霉病防治措施：一是推行轮作，清除田间残萎枯茎，合理施肥，加强田间管理；二是用 25%多菌灵可湿性粉剂 250 倍或 50%甲基托布津可湿性粉剂 800 倍液，在育苗前把种球茎浸泡 18~24h，定植前再把荸荠苗浸泡 18h，可控制病害。生长季节用 25%多菌灵可湿性粉剂 250 倍液等喷施，每隔 10d 一次，连喷 2~3 次。注意荸荠不宜乱用药，如井冈霉素防治秆枯病有效，但它会造成荸荠球茎肉质出现铁锈斑纹，重者整个球茎呈黑褐色，丧失经济价值。

六、采收

荸荠的成熟期，不同地区各有差异，收获挖掘的时间也不相一致。从 10 月下旬开始到翌年 4 月上旬，随时可以采收。一般在 12 月初荸荠自然死苗，球茎充分成熟时即可抢晴收获，亦可脱水留田，待到明春收获。

第十四章　芽苗菜

第一节　芽苗菜

一、芽苗菜品种类型

根据芽苗蔬菜产品形成所利用的营养的来源不同，可将芽苗类蔬菜分为以下两种类型。

（一）种芽菜

指利用种子中贮存的养分直接培育成细嫩的芽或芽苗，如黄豆、绿豆、赤豆、蚕豆类以及香椿、豌豆、萝卜、荞麦、蕹菜、苜蓿芽苗等。

（二）体芽菜

指利用 2 年生或多年生作物的宿根、肉质直根、根茎或枝条中累积的养分，培育成的芽球、嫩芽、幼茎或幼梢，如由肉质直根育成的芽球菊苣、由宿根培育的菊花脑、苦荬芽等，由根茎培育成的姜芽、蒲芽以及由植株、枝条培育的树芽香椿、枸杞头、花椒脑和豌豆尖、辣椒尖、佛手尖等。

二、芽苗菜的特点

（一）安全无公害

芽苗菜的产品所需的营养，主要依靠种子或根茎等营养器官累积的养分，栽培管理上一般不必施肥，只需在适宜的温度环境下，保证其水分供应，便可培育出芽苗、嫩芽、幼梢或幼茎，而且其中的大多数因生长期比较短，很少感染病虫害，不必使用农药。

（二）生产效率高

芽苗菜多属于速生和生物效率较高的蔬菜，尤其是种芽菜，它们在适宜温湿度条件下，产品形成周期最短只需 5~6d，最长也不过 20d 左右，平均每年可生产 30 茬。例如，每千克豌豆种子可形成 3.5~4kg 芽苗产品，生物效率比达到 4，每千克香椿种子约可形成 8~10kg 籽芽香椿，生物效率比达到 9 左右。由于芽苗菜大多较耐弱光，适合进行多层立体栽培，土地利用率可提高 3~5 倍。

（三）栽培形式多样

由于大多数芽苗菜较耐低温弱光，因此既可露地栽培，又可设施栽培；既可采用土壤平面栽培，也可采用无土立体栽培；此外，还可在不同光照或黑暗的条件下进行"绿化型""半软化型"和"软化型"产品的生产。特别是在废弃的厂房或房室中进行半封闭式、多层立体、苗盘纸床、无土栽培这一规范化集约生产新模式，极适合于土地资源紧缺的繁华城市及外界环境条件恶劣的科学考察站、海岛前哨、边远林区、航行中的船只等。

三、栽培体系

（一）催芽室和栽培室

1. 栽培室的选择

冬季、早春及晚秋可利用塑料大棚、温室等设施，还可利用厂房或闲置房屋。当平均气温大于18℃时，可露地生产，需用遮阳网遮阴。

2. 温度

催芽室温度 20～25℃，相对湿度 90%左右；栽培室温度白天20℃以上，夜晚不低于 16℃，避免出现温差大变化。栽培室相对湿度控制在 85%左右。注意室内适当通风换气，以保持适宜的温度和清新空气。

3. 光照条件

催芽室应保持黑暗或弱光状态，在夏秋强光条件下栽培室应具有遮光设施。以房室为生产室者，要求坐北朝南，东西延长（南北宽应小于 20m），四周采光，窗户面积占周墙的 30%以上。冬季弱光季节近南墙采光区光照强度不低于 5 000lx，近北窗采光区不低于 1 000lx，中部区不低于 200lx。

4. 水源

具有自来水、贮藏罐或备用水箱等。地面要防水防漏，并设排水系统。

5. 辅助

包括种子贮藏库、播种作业区、穴盘清洗区、产品处理区等设施。

（二）栽培架

立体栽培共 4～6 层，第一层离地面不小于 10cm，层间距 40～50cm，每两架并放为一行，行间距 50～80cm，以便于操作。

（三）栽培容器

用蔬菜育苗盘，规格为 62cm×24cm。

（四）栽培基质

选用洁净、质轻、无毒、吸水持水力强、使用后残留物易处理的材料，如纸张、白棉布、无纺布、珍珠岩、泡沫塑料片等。

（五）喷淋系统

背负式喷雾器即可。

第二节　豌豆芽

一、品种选择

用于室内芽苗生产的豌豆种子，宜选择种皮厚、籽粒饱满、发芽率高、无污染、无霉烂的种子。一般菜用豌豆在生产过程中易烂种，而粮用豌豆具有较强的抗腐性。常用品种有青豌豆、麻豌豆等。

豌豆芽的播期不严格，一年四季都可以栽培，实现全年供应。

二、棚室及生产工具消毒

棚室消毒常采用烟剂熏蒸，以降低棚内湿度。用22%敌敌畏烟剂500g/667m² 加45%百菌清烟剂250g/667m²，暗火点燃后，熏蒸消毒或直接用硫黄粉闭棚熏蒸，也可在栽培前于棚室内撒生石灰消毒。注意消毒期间不宜进行芽苗菜生产。此外，根据大棚面积大小，适当架设几盏消毒灯管，栽培前开灯照射30min，进行杀菌消毒。播种前将栽培容器进行清洗消毒，可用5%福尔马林溶液或3%石灰水溶液或0.1%漂白粉水溶液中浸泡15min，取出清洗干净。栽培基质应高温煮沸或强光曝晒以杀菌消毒。

三、种子处理与播种

（一）种子的播前处理

播种前先将种子进行晾晒、清选，然后进行浸种。晒种时剔除虫蛀、霉变和残破种子，用清水将种子淘洗 2~3 次，然后在常温下浸种，水量为种子体积的 2~3 倍，浸种时间为 18~24h。浸种结束后再用清水洗净种子，沥去多余的水分待播。

（二）播种与催芽

播种容器一般采用长 62cm，宽 24cm，高 4cm 的塑料育苗盘。播种盘内铺 1 层湿润的新闻纸，然后将种子均匀撒播，一般每盘播种量为 350~450g。播种完毕浇足水将苗盘摞起叠放于栽培架上，并在摞盘上下覆垫保湿盘（在苗盘内铺二层湿润的基质纸）。催芽室温度保持 20~25℃，空气相对湿度为 80%。催芽期间每天进行一次倒盘和浇水，调换苗盘上下前后位置。一般经 2~3d，芽苗高 1.5~2.0cm 时，可及时出盘，移入绿化室。出盘不宜过迟，以免倒伏，降低产量。

四、管理

芽苗进入绿化室后，应放置在空气相对湿度较稳定的弱光区锻炼过渡 1d。室温控制在 18~23℃。温度过高、过低都不利于芽苗的生长。严寒冬季需室内加温，炎热的夏天可采用通风、遮光等降温措施。光强度控制在 2.0~3.0klx，光照过弱，易引起下胚轴或茎叶柔弱，并导致倒伏、腐烂；光照过强豌豆苗纤维含量提高，品质下降。芽苗生长适宜的空气相对湿度为 80% 左右，湿度过高易感病，过低影响芽苗品质和产量。芽苗生长期间需经常补水，每天喷雾 1~2 次，保证其对水分的要求。晴天可多喷，阴雨天少喷。生产期间为减少病害的发生，需不定期地对生产场地进行熏蒸消毒。

五、生产中的几个问题

（一）烂种

芽苗菜栽培过程中，尤其是在叠盘催芽时，容易发生烂种现象。生产上要注意必须严格控制浇水量和温度，水量过多，尤其是在高温、高湿条件下，极易引发烂种、烂芽。此外，苗盘应进行严格的清洗和消毒，清洗时可在水中加适量洗涤灵以及 0.3%~0.5% 的石灰或漂白粉。

（二）芽苗不整齐

芽苗不整齐常使产品的商品率降低，为使芽苗生长整齐，生产上应注意采用纯度高的种子；并应均匀地进行播种和浇水；要水平摆放苗盘，还要经常进行倒盘，以便苗盘栽培环境均匀一致，促进芽苗菜整齐生长。

（三）芽苗菜过老（纤维过多）

芽苗菜栽培过程中，如遇干旱、强光、高温或低温时生长期过长等情况，都将导致芽苗菜纤维的迅速形成，因此在生产管理中应尽量避免上述情况的出现。

六、采收

豌豆芽苗茎叶柔嫩、含水量高，产品可采取整盘活体销售或剪割采收小包装上市。整盘活体销售标准为芽苗浅黄绿色，苗高 10~12cm，整齐，顶部复叶始展开或已经展开，无烂根、烂脖（茎基），无异味，茎端 7~8cm 柔嫩未纤维化。从芽苗梢部向下 8~10cm 处剪割，采用封口保鲜袋包装，每袋 300~400g 封口后上市。第 1 次采收完毕，将苗盘迅速放置强光下培养，待新芽萌发后再置于 2.0~3.0klx 的光照下栽培，苗长至 10cm 时进行第 2 次采收，第 2 次产量低于第一次。两次采收完毕后清盘，重新消毒进行下一次播种。

参考文献

程智慧. 2018. 蔬菜栽培学总论 [M]. 北京：科学出版社.

程智慧. 2018. 蔬菜栽培学各论 [M]. 北京：科学出版社.

韩忠才. 2010. 瓜类豆类蔬菜栽培技术 [M]. 长春：吉林科学技术出版社.

蒋宏，刘长军. 2018. 蔬菜育苗新技术彩色图说 [M]. 兰州：甘肃科学技术出版社.

李天来. 2011. 设施蔬菜栽培学 [M]. 北京：中国农业出版社.

刘世琦. 2007. 蔬菜栽培学简明教程 [M]. 北京：化学工业出版社.

农业农村部农民科技教育培训中心，中央农业广播电视学校. 2007. 露地蔬菜生产与反季节栽培技术 [M]. 北京：中国农业科学技术出版社.

潜宗伟. 2017. 茄果类蔬菜高效栽培技术 [M]. 北京：中国农业出版社.

宋志伟，杨首乐. 2017. 无公害露地蔬菜配方施肥 [M]. 北京：化学工业出版社.

王迪轩. 2019. 现代蔬菜栽培技术手册 [M]. 北京：化学工业出版社.

王恒亮，倪云霞，李好海，等. 2013. 蔬菜病虫害诊治原色图鉴 [M]. 北京：中国农业科学技术出版社.

王文新. 2015. 叶菜类蔬菜优质高产栽培技术 [M]. 北京：中

国农业科学技术出版社.

张和义，胡萌潮，李苏迎. 2016. 芽苗菜优质生产技术问答
　[M]. 北京：中国科学技术出版社.

张振贤. 2003. 蔬菜栽培学 [M]. 北京：中国农业大学出版社.